不确定混联机构的鲁棒滑模控制研究

袁伟　著

天津大学出版社
TIANJIN UNIVERSITY PRESS

图书在版编目（CIP）数据

不确定混联机构的鲁棒滑模控制研究 / 袁伟著. --
天津：天津大学出版社，2022.12
ISBN 978-7-5618-7424-0

Ⅰ.①不⋯ Ⅱ.①袁⋯ Ⅲ.①鲁棒控制－研究 Ⅳ.
①TP273

中国国家版本馆CIP数据核字(2023)第042245号

BUQUEDING HUNLIAN JIGOU DE LUBANG HUAMO
KONGZHI YANJIU

出版发行	天津大学出版社	
地　　址	天津市卫津路92号天津大学内（邮编：300072）	
电　　话	发行部：022-27403647	
网　　址	www.tjupress.com.cn	
印　　刷	北京虎彩文化传播有限公司	
经　　销	全国各地新华书店	
开　　本	787mm×1092mm　1/16	
印　　张	7.5	
字　　数	159千	
版　　次	2022年12月第1版	
印　　次	2022年12月第1次	
定　　价	40.00元	

前　言

　　工业机器人和专用制造装备技术水平是衡量一个国家装备制造业水平的重要标志。在"工业 4.0"和"中国制造 2025"的推动下,我国对工业机器人和专用制造装备的需求日益迫切,同时对其功能和控制性能也提出了更高的要求。混联机构综合了串联机构和并联机构的优点,已成为装备创新发展的重要方向。目前,对混联机构的高性能控制还存在一些难点,主要包括:多输入、多输出、强耦合、不确定的非线性特性,建模误差、负载变化、摩擦力、未建模动态、外部干扰、测量误差等上界未知的不确定性,以及与驱动电机动力学特性相关的不匹配扰动。因此,本书以混联机构为研究对象,研究鲁棒滑模控制方法,寻求混联机构的高性能控制策略,为该机构在汽车电泳涂装输送装备中的工程应用奠定理论基础。本书完成的主要工作如下。

　　(1)提出一种结合非线性扰动观测器的鲁棒滑模控制方法。针对混联机构中存在的不确定性,设计滑模控制器,保证系统在不确定性影响下的跟踪性能;针对滑模控制中过大的切换增益会引起滑模控制抖振问题,设计无须不确定性缓慢变化限制的非线性扰动观测器,估计系统中的不确定性并主动补偿,使滑模控制器只需选取较小的切换增益,在提高系统鲁棒性的同时,也可消弱滑模控制抖振。仿真结果表明,所提方法在轨迹跟踪精度、控制输入平滑性方面均优于无非线性扰动观测器的滑模控制方法。

　　(2)提出一种无须不确定性上界信息的自适应全局鲁棒滑模控制方法。针对上述结合非线性扰动观测器的鲁棒滑模控制方法未考虑到达阶段的动态性能,设计有限时间积分滑模控制器,消除滑模控制的到达阶段,使混联机构在响应的全过程均具有鲁棒性;针对在实际应用中无法得到混联机构不确定性的准确上界信息,设计自适应规则动态调整滑模切换增益,避免对不确定性上界信息的先验要求,并进一步消弱滑模控制抖振;针对滑模切换增益存在过度适应问题,引入非线性扰动观测器主动补偿混联机构的不确定性,提高系统的鲁棒性和跟踪性能。仿真结果表明,与结合非线性扰动观测器的鲁棒滑模控制方法相比,所提方法具有良好的跟踪性能。

　　(3)提出一种抗不匹配扰动的鲁棒滑模控制方法。上述控制方法很好地解决了不确定混联机构的匹配扰动问题,但未考虑驱动电机的动力学特性。考虑驱动电机动力学特性,会增加混联机构系统的阶次,系统的不确定性不满足匹配条件。针对混联机构中存在的不匹配扰动,采用 Backstepping 控制、滑模控制、扰动观测器、自适应控制相结合的复合控制策略,设计反演滑模控制器,在虚拟控制律设计中引入扰动观测器,估计系统中的不匹配扰动并主动补偿,在此基础上设计自适应规则动态调整切换增益,进一步提高不确定混联机构的鲁棒性。基于 Lyapunov 稳定性定理,在理论上证明系统的稳定性以及混联机构跟踪误差的渐近收敛。仿真结果表明,所提方法在混联机构存在不匹配扰动时仍具有良好的跟踪性能。

(4)基于汽车电泳涂装输送用混联机构样机系统,对本书所提出的控制方法进行试验研究。试验结果表明,与结合非线性扰动观测器的鲁棒滑模控制方法和无须不确定性上界信息的自适应全局鲁棒滑模控制方法相比,所提出的抗不匹配扰动的鲁棒滑模控制方法具有较好的综合性能。

本书的研究工作为混联机构控制理论研究以及混联机构在汽车电泳涂装输送装备中的工程应用奠定了理论基础。

目　　录

第 1 章　绪论

1.1　研究背景与意义

　　制造业是国民经济的主体,是立国之本、兴国之器、强国之基。工业机器人和专用制造装备是现代制造业的关键设备,在汽车生产线(焊接、电泳、喷涂、装配)、飞机制造业(零部件加工、装配、柔性调姿)、机械制造业(冲压、抛光)、仓储作业等中得到了日益广泛的应用,大大提高了生产效率和产品质量,其技术水平在某种程度上代表着一个国家装备制造业的科技水平。工业机器人和专用制造装备作为高端制造装备的重要组成部分,技术附加值高,应用范围广,是我国先进制造业的重要支撑和智能制造的重要生产装备,对促进我国从制造大国迈向制造强国具有十分重要的意义[1]。

　　在"工业 4.0"和"中国制造 2025"的推动下,我国对工业机器人和专用制造装备的需求日益迫切。由于工业生产加工和操作对象的复杂程度越来越高,因此对装备的功能提出了更高、更严格的要求,单一的串联式机构或并联式机构已不能满足社会需求[2]。混联式机构综合了串联式机构和并联式机构的优点,具有刚度大、精度高、响应速度快、工作范围广等优点,具有更广阔的应用前景,已成为制造装备创新发展的重要方向[3]。电泳涂装输送装备是汽车涂装生产线的动脉,它不仅决定着整个涂装线的布局,其运行性能对电泳涂装质量也有重要影响,从而直接关系到汽车的外观和车身的使用寿命。因此,汽车工业对电泳涂装输送装备的控制性能提出了更高的要求。然而,从控制角度看,混联机构是一个多输入、多输出、强耦合、不确定的非线性系统,存在机构物理量、负载变化、高低频未建模状态、外部干扰、测量误差等不确定性,若考虑驱动电机动力学特性,还存在不匹配扰动[4]。这些不确定性的存在给混联机构的高性能控制带来了难度,传统的控制策略难以获得良好的性能,因此有必要对混联机构的高性能控制开展研究。

　　综上所述,本书在国家自然科学基金项目(51375210)的资助下,以一种汽车电泳涂装输送装备所用的混联机构为研究对象,采用理论分析、仿真试验、样机试验相结合的方法,根据滑模控制对系统参数变化和扰动不敏感、易于实现等特性,确定研究鲁棒滑模控制的方法,以提高系统的鲁棒性、消弱滑模控制抖振,使混联机构获得良好的控制性能,满足汽车电泳工艺对电泳涂装输送装备控制系统高性能、高精度、强鲁棒性的要求,为混联机构在汽车电泳涂装输送装备中的工程应用奠定理论基础。

1.2　汽车电泳涂装输送装备的研究现状

随着市场上汽车产品的竞争越来越激烈,人们对于整车的防腐要求越来越高。阴极电泳底漆涂装是当前国际上最先进的汽车涂装技术之一,正在逐步替代传统的底漆喷涂工艺。电泳涂装输送装备是汽车涂装工艺自动化生产线的基础,其传送方式和结构决定着整个涂装工艺自动化生产线的布置,其性能会对车身表面预处理质量产生重要影响[5]。随着汽车生产技术的提高,电泳涂装输送装备不断更新换代,目前电泳涂装输送装备主要有悬挂链输送系统、自行葫芦输送系统、摆杆链输送系统、RoDip 全旋反向浸渍输送机和 Shuttle 多功能穿梭机[6]。

悬挂链输送系统一般用于连续式生产的涂装线,如图 1.1 所示。其运输链的润滑油容易滴落到电泳槽而污染槽液,同时槽体上方的接油盘和吊具横梁上滴落的冷凝水会污染车身。该输送系统只能以定速运送待涂装产品在生产线的不同位置流转,不能满足多速度、多工艺的需要[7]。由于悬挂链输送设备自身因素的限制,吊具的最大入槽角度为 30°,导致涂装线占地面积增大,槽体长度变长,所需加注的槽液增多;由于车身顶盖、空腔结构内的空气无法排尽,容易导致这些部位被磷化,对电泳涂装质量产生影响;此外,还存在沥水不尽、车身带出槽液多、槽液污水处理量大、环保性差等问题,增加了后续处理费用[8]。积放式悬挂链输送机是在普通悬挂链输送机的基础上发展而来的,其采用双层轨道,并通过扩架板相连,带推杆的牵引链条在上层工字钢轨道上运行,携带承载吊具的承载小车组件在下层轨道上运行,推杆推动承载小车组件运行,可以实现积放功能。但是该输送机由更多的驱动、拉紧装置等组成,其造价比普通悬挂链输送机高得多[9]。

（a）普通悬挂链输送机　　　　　　　　　　　（b）积放式悬挂链输送机

图 1.1　悬挂链输送系统

自行葫芦输送系统能使工件垂直入槽、出槽,所需槽体尺寸较小,所需加注的槽液较少,占地面积小,能有效降低成本,如图 1.2 所示。其可使用不同形式的吊具,实现不同车型的混合生产,提高了生产线的柔性化水平。但该输送系统需要车身垂直进出槽液,生产效率低,车身内腔空气无法排尽,导致内腔电泳效果不好[10]。此外,该输送系统对烘干室的适应能力差,工件在前处理、电泳工序中需要其他转运工具辅助,且对不同工序之间的准确、安全、可靠衔接要求较高。

图 1.2　自行葫芦输送系统

摆杆链输送系统是继悬挂链输送系统、自行葫芦输送系统后出现的又一新型机械化电泳涂装输送装备。摆杆链输送系统主要由摆杆、驱动站、拉紧站、回转站、牵引链条及轨道等组成,可分为垂直摆杆输送机和水平摆杆输送机两种,如图 1.3 所示[10]。该输送系统吊具的出入槽角度可达 45°,且与悬挂链输送系统相比,所需槽体长度和设备长度都有所缩短,沥水效果相对较好,车身兜液现象有所减轻。该输送系统解决了车身上方输送设备污染车身的问题,但局部存在车身内腔排气不良现象,无法根除车顶气包问题。垂直摆杆输送机的输送采用双槽钢轨道,链条采用能垂直回转的板链,在特定节距内的输送链条上安装一对 U 形摆杆,车身通过支架固定在摆杆上,摆杆从槽体底部返回,车身在进出工位的滚床和摆杆进行交接时较为复杂,容易出错,需要人工监控,如图 1.3（a）所示[10]。水平摆杆输送机由两条结构相同、两边对称的输送链构成,每条输送链根据工艺要求的距离布置,使吊杆能在纵向自由摆动,摆杆从槽体两侧水平返回,如图 1.3（b）所示。其具有占用空间较小、布置柔性化水平高以及进入电泳槽时对槽液污染小等优点,但当左右链条磨损不一致时,会造成摆杆与撬体交接失败,甚至脱离的情况[10]。

（a）垂直摆杆输送机　　　　　　　　　　　　（b）水平摆杆输送机

图 1.3　摆杆链输送系统

RoDip 4 是德国杜尔公司最新的全旋反向浸渍输送机，与上述三种传统输送系统相比，其采用先进的翻转式前处理方式，缩小了槽体的体积，降低了运行成本，提高了涂层质量，在经济性和环保性方面都有较大的优势。RoDip 4 由设置在电泳槽单侧的行走机构和旋转杆组成，行走机构和旋转机构采用单独的驱动，汽车车身在前进的同时还能在槽液中翻转，能较好地排出车身内腔的空气，提高前处理和电泳表面的质量，如图 1.4 所示。但是 RoDip 4 输送机是悬臂结构，只能承受较轻的车身，故只适用于轿车涂装生产线。此外，该输送机由于知识产权及结构复杂等原因，现国内还不能自主制造，而引进的初期投资大，故适用于批量轿车涂装生产线[11]。

图 1.4　RoDip 4 全旋反向浸渍输送机

Shuttle 是德国艾森曼公司全新的翻转式输送系统，由行走机构、提升机构、旋转机构、摆动机构、滑撬锁紧机构等组成，其行走电机、旋转电机和摆动电机相互独立，如图 1.5 所示[12]。其左右行走机构分别由两个减速电机驱动，带动耐摩擦滚轮转动，进而实现多功能穿梭机行走。车身放置在滑撬锁紧机构上，滑撬锁紧机构固定在摆动机构上，通过旋转机构和摆动机构，实现车身任意角度的旋转及摆动。每台穿梭机可按工艺需求，单独控制不同的行走速度、旋转速度、入槽角度，使车身垂直入槽，缩短槽体长度，生产线布置更加灵活，工件充分沥水，并可提高柔性化水平和电泳涂装效果。但是该多功能穿梭机结构较复杂，需要空气密封和密封检测装置，以防止槽液渗入运动构件的内部，因此运行和维护费用较高[13-14]。

图 1.5　Shuttle 多功能穿梭机

　　综上所述,悬挂链输送系统存在车身污染、兜液、沥水不尽、车身顶盖及空腔结构内的空气无法排尽等问题,但是其一次性设备投入成本低,目前很少用于汽车电泳涂装生产线;自行葫芦输送系统生产节拍小,车身内腔排气效果差,内腔电泳质量较差;摆杆链输送系统解决了车身上方输送设备污染车身的问题,但车身不能在槽液中翻转,无法根除车顶气包问题;RoDip 4 全旋反向浸渍输送机能使车身在前进的同时在槽液中翻转,并能较好地排出车身内腔的空气,根除了车顶气包问题,但它是悬臂结构,只能承受较轻的车身,只适用于轿车涂装生产线,且设备需要进口,投资和维护成本较高;Shuttle 多功能穿梭机能以不同的角度进入槽体,可按工艺需求单独控制或多台协同控制,可根据产能进行动态调整,但其设备需进口,投资成本高。因此,开发一种以混联机构为主体,可根据不同车型、入槽角度、翻转方式、提升方式和行进速度进行调节的环保型汽车电泳涂装输送装备势在必行。

1.3　混联机构的发展及应用

　　机器人的机构一般可分为串联机构、并联机构和混联机构三大类。

　　串联机构是将一系列关节从基座串联到末端的开式结构,如图 1.6 所示。其优点为工作空间大、操作灵活、运动学分析较容易、适用范围广;其缺点为刚度小、承载力弱、运动速度慢、易产生累积误差、末端执行器位置精度低[14]。由于其能代替人类完成重复枯燥的工作,并减轻人类的劳动强度,因此在机械制造、冶金、电子、轻工等工业生产中应用广泛。

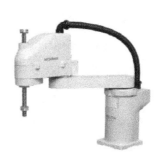

（a）机械臂　　　　　　　　　（b）SCARA 机器人

图 1.6　典型串联机构

并联机构是一类运动末端与基座至少由两条支链相连接的闭环运动链机构。典型的并联机构有 Stewart 和 Delta 机构,如图 1.7 所示。并联机构具有刚度大、运动精度高、响应速度快、运动性能好等优点,但具有工作空间小、奇异分析与标定较为困难等缺点[15]。1965年,Stewart 改进了 Gough 发明的轮胎检测装置,并将其推广应用到飞行模拟器上,这种机构被称为 Stewart 机构,它是目前应用最广的并联机构,如图 1.7(a)所示[16]。20 世纪 80 年代,Reyrnond Clavel 发明了 Delta 机器人,它是目前应用最广泛的机器人之一,如图 1.7(b)所示。自 20 世纪末以来,并联机构取得了飞速发展,主要应用于分拣、搬运、飞行模拟器、船舶运动模拟器、并联机床、微操作机器人、航天器接口等。

 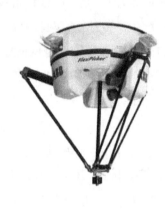

(a)Stewart 机构   (b)Delta 机构

图 1.7   典型并联机构

1985 年,Neumann 提出了 Tricept 混联机构,该机构以串、并联机构为基本单元,综合了串联机构和并联机构的优点,改进了并联机构工作空间小、串联机构精度低等不足,在加工制造、飞机制造、智能制造等领域具有广泛的应用前景,且是机构学创新发展的方向[17]。

自 20 世纪 80 年代首次出现混联机构形式的机床以来,国内外许多企业都对混联机构进行了研发,此类制造装备在航空装备制造业、数控加工中心、分拣装备生产线中得到广泛应用。

1992 年,Tricept 混联机床在航空工业领域得到广泛应用。波音公司在 20 世纪 90 年代分别引进了 Tricept 600 和 Tricept 805 型混联机床,用于飞机板梁零件加工;空客公司在 2000 年的飞机制造中应用了 20 多套 Tricept 605 和 Tricept 606 型混联机床[18],如图 1.8(a)所示。由于 Tricept 混联机床的关节采用的是球铰连接,而球铰间隙会影响 Tricept 混联机床的刚度和精度,故 Neumann 改进了铰链结构,并于 2014 年推出了刚度大、动态性更好的 Exechon 混联机床,且先后推出了 Exechon X、XT 系列的混联机床,如图 1.8(b)所示。2015

年，Exechon 公司又开发了新型 XMINI 5 轴混联机床,该机床采用模块化结构,主要用于飞机翼盒内等狭窄空间的加工作业[18],如图 1.8（c）所示。此外,还有德国 DS-Technologies 公司的 5 轴联动 Ecospeed 加工中心,如图 1.8（d）所示。Ecospeed 加工中心采用 3-PRS 机构作为主轴头实现 Z 轴方向的移动和两个转动轴的摆动,采用串联结构实现 X 和 Y 轴方向的移动,其可以绕经过摆角头中心的任意轴线摆动,大大提高了加工效率[19-20]。

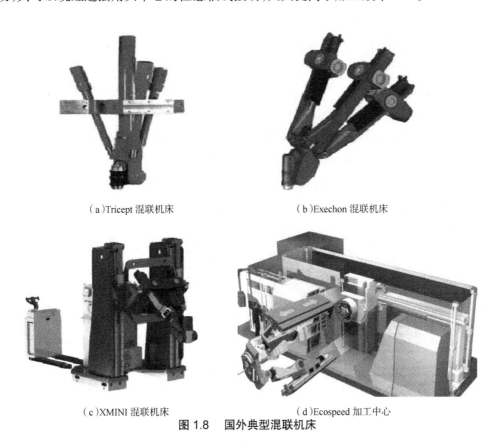

（a）Tricept 混联机床　　　　　　　　　　（b）Exechon 混联机床

（c）XMINI 混联机床　　　　　　　　　　（d）Ecospeed 加工中心

图 1.8　国外典型混联机床

在拾取、包装、装配等领域,SCARA 和 Delta 机器人得到了广泛应用,自 2009 年 Delta 机器人专利保护期届满以后,许多公司推出了改进型的 Delta 机器人,尤其是日本 FANUC 公司,其融合串联机构和并联机构的优点,引入旋转轴,增加机器人手腕的自由度,其研制的 M-1iA/2iA /3iA 系列 Delta 改进机器人,极大地提高了 Delta 机器人的灵活性和应用范围,如图 1.9（a）所示[21]。为了改善 SCARA 机器人的末端移动速度,Pierrot 等在 Delta 机器人三支链基础上增加了一个支链,发明了 Part 4 机器人,该机器人大大提高了末端移动速度[22]。美国 Adept 公司在 Part 4 机器人的基础上,开发了 4 轴高速、高精度运动的 Quattro 系列并联机器人,其现已被日本 OMRON 公司收购,号称是世界上抓放速度最快的机器人,如图 1.9（b）所示[23]。

（a）M-2iA 系列并联机器人　　　　　　　　　　　（b）Quattro 系列并联机器人

图 1.9　并联机器人

目前,我国在串、并混联机构研究方面处于领先水平,在 5 轴加工中心、特种装备方面取得了许多自主创新成果。1997 年,天津大学与清华大学合作研制了我国首台混联机床 VAMTIY,填补了国内空白 [24]。1998 年,东北大学在一个三自由度移动平台上串联了一个二自由度的串联机构,从而组成了一台 5 轴混联机床 DSX5-70。此后,哈尔滨工业大学、北京理工大学、齐齐哈尔第二机床厂设计院等相继研制出混联机床样机。1999 年,哈尔滨工业大学在机床展览会上展出了 BJ 系列“腿伸缩”混联机床;2003 年,齐齐哈尔第二机床厂与清华大学合作开发了 XNZD2415 大型龙门式 5 轴混联机床 [24]。后来,哈尔滨量具刃具集团与瑞典 Exechon 公司合作开发了 LINKS-EXE700 串并联机床,该机床由两路 TPR 支路和一路 SPR 支路连接定平台和运动平台,运动平台中部采用串联机构,该机床在行业内引起了巨大反响 [25]。

在特种装备方面,天津大学的黄田、汪满新等在深入研究 Tricept 混联机构的基础上,在 2003 年提出了由二自由度并联机构和二自由度转头串联机构构成的 Bicept 混联机构,随后基于模块化设计又提出了 TriVariant、TriMule 系列混联机床 [26-29],如图 1.10 所示。清华大学研发了混联式新型喷涂机器人,该机器人采用龙门式结构,3-RPS 安装在龙门两侧,两个相同的 5R 并联机构安装在龙门顶部,该机器人将并联机构运动与喷涂工艺相结合,大大降低了生产成本,并提高了生产效率 [30],如图 1.11 所示。

（a）Bicept　　　　　　（b）TriVariant　　　　　　（c）TriMule

图 1.10　天津大学研发的混联机床

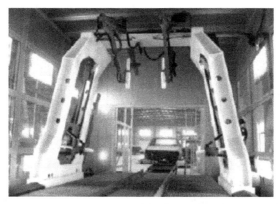

图 1.11　清华大学研发的混联式喷涂机器人

通过对比国内外混联机构的发展可以看到,目前少自由度串、并混联式加工装备的制造和研发主要集中在美国、德国、瑞典、日本等发达国家,我国在此类机构的研究上处于跟跑地位,我国应加快少自由度混联式装备的研发与应用,提高我国高端装备制造业水平,更好地为"中国制造 2025"和"工业 4.0"等国家战略服务。

1.4　混联机构的研究现状

混联机构是一个典型的多输入、多输出、强耦合、不确定的非线性系统,其理论分析复杂。国内外学者对其开展了大量研究,主要集中在混联机构的运动学分析、动力学分析、控制方式、控制方法等方面,下面就从这几个方面介绍混联机构的研究进展。

1.4.1　混联机构系统中的不确定性

混联机构系统中的不确定性主要包括以下几方面。

1. 参数不确定性

混联机构的连杆质量、长度及连杆质心和滑块等物理量(参数)未知或只有部分已知,混联机构在不同工况下作业时,负载会发生变化,这些参数的不确定性会影响控制系统的性能。然而,在实际应用中,这些不确定性无法精确建模或测量。

2. 非参数不确定性

混联机构滑块、连杆等驱动元件存在动摩擦、静摩擦等低频未建模状态,以及结构共振等高频未建模状态等非参数不确定性,这些不确定性也会对机构动力学特性造成影响。

3. 随机外部扰动

混联机构在作业时会受到随机外部干扰,此外还受到传感器噪声、测量误差、执行器饱和等因素的影响。

　　4. 不匹配扰动

　　混联机构采用伺服电机驱动,考虑驱动电机动力学特性后,混联机构系统会增加系统阶次,导致混联机构中的不确定性与驱动电机控制电压不在同一通道,属于不匹配扰动。

　　这些不确定性给混联机构的控制带来了困难,会影响系统的控制精度和性能,甚至会影响系统的稳定和安全。如何有效地消除这些不确定性对混联机构控制的影响是混联机构研究中需要解决的一个重要问题。

1.4.2　混联机构运动学研究现状

　　混联机构的运动学问题是研究末端执行器位置和姿态与各关节的变换矩阵,它是机构工作空间分析、奇异位形分析、运动轨迹规划、运动控制的基础[31]。运动学问题包括运动学反解和运动学正解。运动学反解是已知机构末端执行器的位置和姿态,求各主动关节的位移;运动学正解是已知各主动关节的位移,求机构末端执行器的位置和姿态[32]。一般情况下,混联机构的运动学反解较容易实现;而混联机构的运动学正解的结果通常并不唯一,即混联机构存在多种不同的位形对应给定的主动关节位移,这是混联机构运动学研究中需要解决的重要问题之一[33]。目前,混联机构运动学正解常采用的求解方法有解析法、数值法、智能优化法、附加传感器法。

　　解析法使用消元法消除机构约束方程中的未知数,把机构的输入输出方程简化为一元多次方程[33]。解析法的优点是可以求解机构的所有可能解,并可以进行后续工作空间分析、奇异位形分析等研究,但求解过程一般比较烦琐,计算时间长,面临多解选择问题,不利于实时全反馈控制[34]。黄昔光等提出了一种基于共形几何代数的平面并联机构运动正解法,该方法无须烦琐的欧拉旋转角和矩阵运算,只需进行简单的线性消元,提高了计算速度[35]。

　　数值法与解析法相比,其具有数学模型简单、无须烦琐的数学推导等优点,但该方法计算量大、迭代结果可能会发散、计算结果和精度与初值相关。典型的数值法有降维搜索法、牛顿迭代法[36]。降维搜索法主要根据具体的机构特性降低非线性方程的维数,从而降低计算难度、提高计算效率;而牛顿迭代法的求解过程简单、通用性好,一般用于实时性要求高的控制场合[37]。

　　智能优化法是将非线性方程组的求解转化为优化问题求解,主要工具有遗传算法[38]、神经网络法[39]、粒子群算法[40]、蚁群算法[41]。智能优化法可以得到混联机构的全部位置正解,优化过程只需给定参数的大概边界,避免了数值法对参数初值敏感的问题,但计算效率和实时性必须满足机器人控制的采样时间要求[42]。为了提高智能优化法的实时性,王启明等针对冗余驱动的并联机构分别设计了基于列文伯格 - 马夸尔特算法的改进 BP 神经网络模型与基于改进的遗传算法优化 BP 神经网络模型,前者缩短了在线计算时间,后者提高了离线计算精度[43]。

附加传感器法是可以提高运动学正解计算速度的一种有效方法,其通过增加传感器,以更复杂的硬件为代价,更快地计算机构的当前位姿。增加传感器的类型、传感器的安装位置、所需传感器的最少数量、传感器精度和位姿精度匹配等是使用该方法时所需要重点考虑的问题[44]。刘艳梨等为了提高运动学正解计算速度,在 6-UPS 并联机构中心添加了一个位移传感器,解决了奇异性问题,并得到了位姿的唯一解[45]。

目前,绝大部分混联机构、并联机构的运动学正解可通过上述方法实现,但在实际应用时,应根据具体机构的特性、求解精度和速度要求选择合适的方法。

1.4.3　混联机构动力学研究现状

混联机构的动力学模型描述了末端执行器位置、速度、加速度和关节驱动力的关系,它是动力学仿真和控制的基础。并 / 混联机构主要用于机床加工、精密及重型操作场合,其动力学特性决定了其工作能力、动刚度和精度。由于并 / 混联机构是一个复杂的空间闭环机构,如何合理简化动力学模型,并满足高性能控制的要求是动力学建模的关键。目前,并 / 混联机构常用的动力学建模方法主要有牛顿 - 欧拉法、拉格朗日法、凯恩方程法、虚功原理法等[11]。

牛顿 - 欧拉法利用牛顿力学的刚体力学特性把各个构件的平移和旋转运动用坐标表示,并用方程描述各个构件所受的约束反力和力矩[46]。该方法物理意义清晰、建模思路简单、系统动力学分析完整,在并联机构动力学建模中广泛应用[47]。山显雷等利用牛顿 - 欧拉法得到了考虑关节摩擦的 3-SPS+1-PS 并联机构显式动力学模型[48]。Zhang 等针对 3-RRR 并联机构中存在的关节间隙,采用牛顿 - 欧拉法,与 Lankarani-Nikravesh 接触力模型和改进的 Coulomb 摩擦力模型相结合,建立了该并联机构的动力学模型,并使用 Baumgarte 稳定方法提高了数值稳定性[49]。Wang 等采用牛顿 - 欧拉法对 6-UPS 并联机构进行动力学建模,提出了一种用于实时控制的动力学模型的简化策略,大大提高了动力学反解的计算效率[50]。牛顿 - 欧拉法虽然计算过程清晰,但是对于结构复杂的机构,随着构件单元数量的增加,描述构件所需的变量和方程数量成倍增加且推导过程复杂,大量的约束力易使动力学方程计算效率降低且求解困难[51]。

拉格朗日法先对每个构件的动能和势能进行计算,从系统整体能量的角度,得到一组用系统的能量和广义力表示的独立运动方程。该方法得到的动力学模型表述更为简洁,不依赖空间坐标系,无须分析内部的约束力,是串联机构和并联机构最常用的动力学建模方法,在并联机构控制器设计领域应用广泛[33]。Thanh 等采用拉格朗日法和坐标分配法,以简化的符号形式分析性地推导出了冗余 3-(P)RRR 并联机构的动力学模型[52]。牛雪梅等采用拉格朗日法对新型驱动冗余并联机构进行了动力学建模,并对模型进行了简化,使其适用于实时控制[53]。张国英等基于机构的几何对称特性,采用拉格朗日法建立了三自由度类球面并联机构的动力学模型[54]。

凯恩方程法具备矢量力学与分析力学的特点,从约束质点系的达朗贝尔原理出发,借助偏速度、偏角速度、广义速率、广义主动力和广义惯性力等概念建立非自由质点系刚体的动力学模型[33]。宋轶民等采用凯恩方程法和多体理论,提出了一种模块化建模方法,分别对冗余驱动平面 4-RRR 并联机构与非冗余驱动平面 3-RRR 并联机构建立了动力学模型[55]。陈群凯采用凯恩方程法对并联稳定平台建立了动力学模型,并基于 SimMechanics 进行了一系列的动力学仿真[56]。凯恩方程法不存在理想的约束反力,方程和变量数量少,可避免动力学方程求解的复杂过程,计算效率高,可利用计算机进行辅助运算,但原理过于晦涩,因此并未得到广泛应用[57-58]。

虚功原理法基于力学的虚功原理,把机构作为一个整体考虑,通过消除关节惯量和约束力使计算过程简化,模型格式简洁统一,是一种有效的并联机构动力学建模方法[59]。杨会等利用虚功原理法构建了 3-PSS-PU 并联灌注机器人动力学模型,并使用 ADAMS 软件对所建模型的准确性进行了验证[60]。杨小龙针对六自由度并联机器人,选择一个单位对偶四元数为系统的广义坐标,采用虚功原理法建立了动力学模型,大大减少了计算耗时[61]。虚功原理法具有矢量力学和分析力学的特点,建模步骤清晰,容易实现程序化,适用于多刚体动力学建模。

除上述方法外,还有学者采用螺旋理论法[62]、解耦自然正交补法[63]、图论与拉格朗日结合法[64]、拉格朗日虚拟弹簧法[65]对并/混联机构进行动力学建模,取得了较好的效果。各种动力学建模方法有各自的优缺点,针对同一机构,不同的动力学建模方法的复杂程度、计算时间都不相同,因此应根据机构特性选择合适的方法,使其适用于动力学实时控制。

1.4.4　混联机构控制方法研究现状

混联机构作为一种并联机构和串联机构有机融合的机构,其控制问题与串联机构或并联机构既有相同点,又有其自身的特殊性。混联机构控制方式一般可分为任务空间控制和关节空间控制两种。在任务空间控制中,通过运动学正解或测量计算得到末端平台六自由度的位置、速度和加速度,然后将根据雅克比矩阵计算得到的控制量转化为各个关节的控制量,其控制框图如图 1.12 所示。由于末端平台六自由度的位置、速度和加速度测量通常采用非接触式六自由度光学测量仪或位姿传感器,但是高精度的六自由度光学测量仪价格较高,而位姿传感器对于大部分机构较难安装,并 / 混联机构运动学正解则是公认的难题,求解比较困难,因此该控制方式在实际中应用较少。目前,随着计算机运算能力的提升,有很多学者开始尝试用运动学正解计算末端平台六自由度位姿,在此基础上设计任务空间控制器,高国琴等[66]、皮阳军等[67]、Miletović 等[68] 研究了基于任务空间的并 / 混联机构轨迹跟踪。但是,运动学正解仍然是关节空间和任务空间的映射关系,不能完全消除机构间隙、机构参数误差引起的系统误差。

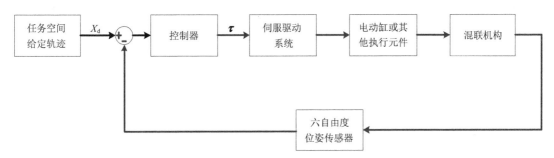

图 1.12　混联机构任务空间控制框图

混联机构的另一种控制方式为关节空间控制,其控制框图如图 1.13 所示。该控制方式首先将混联机构设定的六自由度位置、速度和加速度经运动学反解得到各个关节的位置、速度和加速度,然后根据各个关节的反馈信号控制各个关节的位置。其只需要利用机构末端平台六自由度位姿与各个关节位置的映射关系。在实际应用中,各个关节的同步耦合、关节位置与末端平台位姿映射误差、关节空间动力学模型误差、末端平台负载及扰动等,导致高精度位置控制较难实现。尽管关节空间控制存在上述问题,但由于各关节位置反馈信号测量方便、控制系统成本低、实现容易,在并 / 混联机构控制中仍得到广泛应用[69-70]。

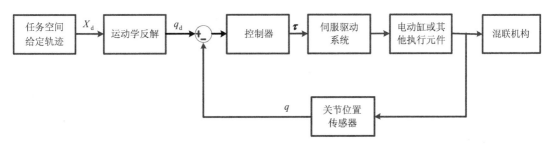

图 1.13　混联机构关节空间控制框图

根据控制系统中使用的模型,混联机构控制还可分为运动学控制和动力学控制。运动学控制,首先将任务空间的位姿反解成独立关节位置,然后基于执行器模型设计独立的关节控制器,而不考虑混联机构复杂的非线性动力学因素,因此该方法相对比较简单,计算量也比较小。混联机构常用的运动学控制方法有 PD 控制、模糊控制、神经网络控制等[71-74]。但由于在该控制方法中没有考虑混联机构的非线性动力学性能和各关节的耦合作用,因此在高速、高加速度位置很难实现高性能控制[75]。

动力学控制与运动学控制不同,它是在混联机构动力学模型的基础上,根据设定的位置、速度、加速度,计算各关节所需的驱动力矩,再发送指令给各关节的驱动器。混联机构常用的动力学控制方法有计算力矩控制、滑模变结构控制、智能控制等[76-78]。由于动力学控制考虑了机构的动力学特性以及补偿了动力学影响因素,在理论上与运动学控制相比,其对高速、耦合的机构来说能获得更好的控制性能[79]。

随着工业机器人和专用制造装备技术的发展,国内外学者针对混联机构中的不确定性开展了大量研究,并取得了很多成果,例如 PID 控制、计算力矩控制、鲁棒控制、自适应控制、智能控制、滑模控制、Backstepping 控制、基于扰动观测器的复合控制等。

1. PID 控制

PID 控制是按照偏差的比例、积分和微分进行的控制,由于其具有控制律简单、易于实现、不依靠模型等优点,在串联机构、并联机构、混联机构中得到广泛应用[80]。PID 控制在应用时经常与其他控制方法结合起来使用,以提高其控制性能[81-84]。Tien 等为了减小并联机构建模误差、摩擦力等因素的影响,针对平面 2-DOF 并联机构提出了基于神经网络在线调整的非线性 PD 控制方法,提高了对不确定性因素的抑制能力[85]。Khosravi 等提出了一种鲁棒 PID 控制方法,解决了一定范围内的绳索驱动并联机器人的参数不确定性问题[86]。Yang 等为了减小 6-DOF 液压驱动并联平台的稳态误差,在考虑液压系统非线性特性的基础上,提出了一种 PD + 重力补偿的控制方法[87]。高国琴等为了提高混联输送机构在高速运动情况下的控制性能,提出了一种分数阶 PID + 前馈补偿的控制方法,并采用遗传算法优化了控制器参数,减小了轨迹跟踪误差,提高了轨迹跟踪性能[88]。但是,PID 控制有明显的缺点,一是只能够补偿特定的扰动和参数不确定性,二是其控制参数较难选择,因此难以保证混联机构在复杂作业环境下具有较好的动态和静态性能。

2. 计算力矩控制

计算力矩控制是以 PD 控制为基础,通过在 PD 控制中加入速度反馈和加速度前馈得到的,它是机器人控制中经典、重要的控制方法。计算力矩控制实际上是在 PD 控制的基础上加入了内环控制,从而使机器人具有较好的轨迹跟踪性能和鲁棒性,在并联机构、混联机构中得到广泛应用[89-90]。在应用时,学者们将计算力矩控制与非线性控制、自适应控制、神经网络相结合,减少了对模型准确度的依赖。Yang 等为了获得更好的控制性能,采用神经网络优化计算力矩控制器参数[91]。Jorge 等提出了一种代数约束下的非线性计算力矩控制方法,用于提高脚踝康复并联机器人轨迹跟踪的控制性能[92]。Shang 等提出了一种自适应计算力矩控制方法,设计了自适应动态补偿、摩擦力补偿和跟踪误差补偿的控制律,提高了轨迹跟踪能力[93]。计算力矩控制依赖于模型的准确度,由于混联机构是一个结构复杂、严重耦合的机构,其动力学模型参数存在不确定性以及时变性,因此该方法不能满足混联机构高精度、高性能的要求。

3. 鲁棒控制

鲁棒控制是一种基于最坏情况设计的,以牺牲系统性能为代价的控制方法,常用的方法有 H_∞ 控制理论[94-95]、结构奇异值理论(μ 理论)[96]等。在进行鲁棒控制器设计时,需要知道扰动或不确定性的上界值,用于抑制匹配和不匹配干扰,该方法在机械臂、并联机构、混联机构中得到广泛应用[97-102]。Kim 等采用鲁棒控制方法实现了 6-DOF 并联平台在存在非线性、参数不确定性及不确定摩擦力情况下较好的轨迹跟踪性能[103]。Lin 等针对并串混联曲面加工机床高精度、高效加工的要求,在考虑各种扰动的情况下提出了混合 H_2 / H_∞ 控制方法,实现了在不同配置和加工速度下的最优控制[104]。王启明等针对采用冗余驱动的并联机构的列车转向架试验台精确轨迹跟踪问题,利用 H_∞ 鲁棒控制方法设计了动力学控制策略,提高了系统的抗扰动和抗噪声性能[105]。鲁棒控制器通常是基于最坏情况设计的,控制器的性能是在最大不确定性的情况下取得的性能,所需的控制能量较大,鲁棒性则是以牺牲系统的标称性能为代价获得的。所以,鲁棒控制是一种保守的控制方法,不能保证混联机构获得较优的动态性能。

4. 自适应控制

自适应控制是针对系统中存在的未知参数不确定性,通过设计恰当的控制器或控制律,使系统能够保持某一指定的性能指标最优或近似最优的控制方法。具体来讲,可以依据被控对象的输入、输出数据及时调整控制器的参数或控制律,以适应被控对象或外部扰动的动态变化,避免控制系统性能恶化,在机器人控制中应用广泛[106-107]。自适应控制可分为模型参考自适应控制和自校正控制。自校正控制需要在线辨识被控对象模型参数,根据辨识出的模型参数计算控制器参数,计算量大、实时性要求高,当系统存在未建模的高频动态特性时,可能会使系统不稳定。模型参考自适应控制直接设计自适应律,不需要对系统参数进行辨识,直接对控制器参数进行调整。自适应控制通常与计算力矩控制、滑模控制、Backstepping 控制、神经网络控制、模糊控制相结合使用,以提高控制性能[108-112]。王立玲等针对并串联 3-DOF 稳定平台中的不确定干扰,采用自适应控制得到了较好的跟踪性能[113]。Koessler 等使用自适应控制解决了并联机构在奇异点周围模型退化的问题[114]。自适应控制能较好地适应模型参数和外部扰动变化,但当存在非参数不确定性时,难以保证获得较高的控制性能。因此,本书将研究自适应控制和其他先进控制方法相结合的控制策略,提高混联机构对参数不确定性和非参数不确定性的适应能力。

5. 智能控制

智能控制主要包括神经网络控制和模糊控制。神经网络技术是受到人类神经系统信息处理过程的启发而构建的,可以描述许多复杂的信息处理过程,也可以逼近任意的光滑非线性函数。经过几十年的发展,神经网络理论已经十分丰富,特别是近几年随着人工智能技术的发展与应用,已经有许多神经网络模型在工业中应用,主要有 BP 神经网络、径向基函数(RBF)神经网络、极限学习机、循环神经网络、卷积神经网络、深度神经网络。由于神经网络是一种具有高度非线性的连续时间动力系统,它有强大的自学习功能和对非线性系统的映射能力,具有泛化能力强、网络结构简单等特性,可应用于具有不确定性的非线性系统建模和控制,在无人系统、机器人等领域应用广泛[106]。利用 RBF、ELM 等神经网络方法的万能逼近特性,可实现对机器人摩擦力、建模误差、外部扰动等不确定性因素的在线逼近,并通过神经网络权值的自适应调整,提高机器人的轨迹跟踪性能[115]。神经网络控制还可与滑模控制、Backstepping 控制等传统的控制方法相结合,进一步提高机器人的控制性能[116]。Chen 等针对二自由度并联机器人轨迹跟踪控制,提出了一种使用 RBF 补偿器来估算执行器非线性及其上界,并将时变滑模控制和 RBF 神经网络相结合的复合控制策略[117]。梁宇斌等针对 3-RPS/UPS 并联机器人,采用 RBF 神经网络对机构的状态进行了估计,然后与Backstepping 控制相结合,实现了无须速度传感器的高精度轨迹跟踪控制[118]。

模糊控制从行为上模仿人的模糊推理和综合决策过程,它是智能控制的一种重要控制方法。模糊控制通过设置知识库和规则库,以模糊集合化、模糊语言变量、模糊逻辑推理为基础,对其进行模糊判决,其已在辨识、决策、控制、专家系统等领域得到广泛应用[119]。模糊控制具有容错能力强、鲁棒性强、无须精确的数学模型等优点,但仍存在控制器参数需反复试凑、稳定性和鲁棒性分析难、模糊规则和隶属度函数获取难等缺点。随着控制技术的发展,学者将模糊控制与 PID 控制、观测器、滑模控制、神经网络控制相结合,针对机器人控制中的不确定性,设计了复合控制器,实现了高精度跟踪控制[120-123]。

6. 滑模控制

滑模控制是一种使系统"结构"随时间变化的开关特性,迫使系统状态沿着设计的"滑动模态"的状态轨迹运动。这里的"滑动模态"是可设计的,与系统扰动和被控对象无关。因此,滑模控制具有响应快、对系统不确定性不敏感、鲁棒性好、易实现等优点[115]。

为了提高工业机器人的控制精度和鲁棒性,国内外很多学者不断尝试将滑模控制应用于工业机器人中,并取得了很多成果。Slotine 等提出了一种以理想形式使用分段连续反馈控制,从而导致状态轨迹沿着状态空间中随时间变化的滑动表面滑动的控制方法,首次将滑模控制用于在柔性制造系统环境中处理可变负载的双连杆机械手的控制,在规定的精度内获得了对设定轨迹的鲁棒跟踪[124]。Kim 等基于简化的动力学模型,采用一种改进的滑模控制方法,实现了对 6-6 Stewart 平台的高速跟踪控制[125]。王宣银等针对 4TPS+1PS 并联平台在任务空间内设计了一种滑模变结构控制器,实现了对设定位姿的稳定无差跟踪[126]。高国琴等针对以并联机构构成的虚拟轴机床系统,在不确定性和外部干扰因素的影响下,提出了一种自适应动态滑模控制方法,提高了机床系统的鲁棒性和动态性能[127]。高国琴等针对存在耦合和非线性的混联机构,基于任务空间提出了一种 PD 滑模控制方法,实现了高性能的轨迹跟踪控制[128]。

然而,在实际应用中,由于切换过程不具有理想开关特性,使滑模控制在滑动模态下伴随着高频振动,过高的开关增益将引起较大的滑模控制抖振,系统中的高频未建模动态易被激发,从而影响系统的性能,可能会使系统产生振荡或不稳定,导致机构以及驱动器磨损,因此如何消弱抖振是滑模控制研究的重点[115]。为了解决并/混联机构滑模控制的抖振问题,很多学者从不同角度提出了解决方法,如趋近律方法、滤波方法、神经网络方法、模糊方法、时延估计方法、干扰观测器方法、积分滑模方法、终端滑模方法、高阶滑模方法等[129-140]。Ramesh 等针对 Stewart 平台位置跟踪控制,采用超螺旋改进了积分滑模控制器中的切换控制项,有效消弱了滑模控制抖振,减少了 Stewart 平台机械部分的磨损[137]。黄敏针对混联输送机构中存在的建模误差和外部随机干扰问题,基于任务空间控制,采用基于扰动观测器的滑模控制技术提高了混联机构的轨迹跟踪性能,并消弱了滑模控制抖振[138]。高国琴等在文献[138] 的基础上进一步对混联机构滑模控制方法进行了研究,提出了一种基于时延估计的自适应滑模控制方法,有效消弱了滑模控制抖振[139]。Liu 等针对参数和干扰不断变化的 3-DOF 冗余并联平台轨迹跟踪控制,提出了一种终端滑模控制方法,改善了轨迹跟踪性能,提高了系统鲁棒性[136]。Zhao 等针对电液驱动多维受力并联机构,提出了一种新颖的模态空间滑模控制方法,消弱了滑模控制抖振,减小了耦合力,提高了动态跟踪性能[140]。

滑模控制对系统中的不确定性和外部扰动有鲁棒性,但是要求不确定性满足匹配条件。当机构在各种不同的作业环境中工作时,不确定性有可能不满足匹配条件,从而影响滑模面的存在性。为此,学者进行了大量研究,提出将扰动观测器、神经网络、Backstepping 控制与滑模控制相结合,以提高滑模控制的性能。王海燕针对电液伺服驱动机构中存在的不匹配扰动抑制问题,提出了一种基于反步法的高阶滑模控制方法,消弱了滑模控制抖振,提高了系统跟踪性能[141]。Tran 等针对具有匹配或不匹配不确定性的电泳液压弹性操纵器,提出了一种自适应反演滑模控制策略,提高了系统鲁棒性[142]。

通过以上分析可知,滑模控制较适合解决并/混联机构中存在的模型误差、环境干扰力等匹配不确定性问题,但滑模控制引起的抖振问题以及对不匹配扰动的鲁棒性差仍是研究的重要方向。

7. Backstepping 控制

Backstepping 控制又称反步法、回推法或后推法,它实际上是一种逐步递推的设计方法。该方法把复杂的非线性系统分解成不超过系统阶数的若干个子系统,分别设计每一个子系统的 Lyapunov 函数和虚拟控制律,前面的子系统必须通过后面子系统的虚拟控制律才能保证稳定,一直后推到整个系统,直到完成整个控制量的设计[115]。

考虑 n 阶不确定系统,Backstepping 控制的基本设计思想如下[143]:

(1)选取系统的状态量,定义系统的状态误差,构造第 1 个 Lyapunov 函数,设计虚拟控制律,使第 1 个子系统稳定;

(2)基于上一步得到的虚拟控制律定义虚拟的误差变量,构造第 2 个 Lyapunov 函数,设计虚拟控制律,使第 2 个子系统稳定;

(3)如果得到的新子系统没有出现控制输入,则基于上一步的虚拟控制律定义虚拟的误差变量,构造子系统的 Lyapunov 函数,设计虚拟控制律,使子系统稳定;

(4)设计系统的控制律,实现控制系统稳定。

Backstepping 控制是一种有效地处理非线性系统中不确定性的控制方法,可以处理系统中的匹配和不匹配扰动问题,改善系统过渡过程。但是该方法要求系统结构必须是所谓的严格参数反馈系统或可转换为严格参数反馈系统的非线性系统。另外,该方法随着系统阶数的增加,控制器的复杂度和计算量大幅提高。Backstepping 控制虽然有上述缺点,但在柔性机器人、机械臂、并联机构控制领域有较好的应用。席雷平等采用基于干扰观测器的自适应反演滑模控制方法提高了机械臂轨迹跟踪性能[144]。Chen 等在考虑液压执行器非线性特性的情况下,提出了基于观测器的反演控制方法改善六自由度液压 Stewart 平台的轨迹跟踪性能[145]。李成刚等针对多连杆柔性关节机器人中存在的不匹配扰动问题,提出了一种神经网络自适应反演控制方法,提高了系统的轨迹跟踪性能[146]。Chen 等针对轮式移动机器人轨迹跟踪问题,设计了自适应反步滑模控制策略来抵抗干扰和不确定性[148]。Backstepping 控制可以用于处理不匹配不确定性,但需要精确的动力学模型,将 Backstepping 控制和神经网络控制、滑模控制、观测器相结合,可提高对系统中匹配、不匹配不确定性的鲁棒性。

8. 基于扰动观测器的复合控制

参数不确定性和外部扰动是影响串联、并联、混联机构控制性能的重要因素,如果处理不好这些因素将会给控制系统的性能甚至稳定性带来不利影响。如果可以直接测量这些不确定性因素,前馈控制策略可以减弱或消除这些不确定性因素的影响,然而外部扰动通常无法直接测量或者测量成本太高。因此,许多学者提出了扰动估计策略,又称干扰 / 不确定性估计和衰减(Disturbance/Uncertainty Estimation and Attenuation, DUEA)[148]。自 20 世纪 60年代以来,学者提出了许多 DUEA 技术,如未知输入观测器(Unknown Input Observer,UIO)[149]、摄动观测器(Perturbation Observer, PO)[150]、基于等效输入扰动的估计器[151]、扩张状态观测器(Extended State Observer, ESO)[152]、不确定性和扰动估计器(Uncertainty and Disturbance Estimator, UDE)[153]、非线性扰动观测器(Nonlinear Disturbance Observer,

NDO)[154]、广义比例积分观测器(Generalized Proportional Integral Observer，GPIO)[155]。 在这些扰动估计策略中,关于 NDO 和 ESO 的研究和应用最广泛。

NDO 是由 Ohishi 提出的,该方法可测量变量中的估计扰动(可以将不确定性或未建模的动力学影响视为干扰的一部分),然后基于干扰估计值补偿干扰的影响 [156]。NDO 的基本思想是根据系统的输入、输出信息和标称模型信息对系统建模误差、参数摄动、外部扰动等多项不确定性因素组成的集总扰动进行估计,然后经过前馈补偿抑制不确定性的影响,从而提高系统的鲁棒性。为了进一步提高控制性能,Chen 等提出了一种基于扰动观测器的控制 DOBC(Disturbance Observer Based Control),与传统的反馈控制相比, DOBC 引入了前馈补偿项,能够更好地抑制不确定性的影响,同时所需的增益也较小 [157]。DOBC 相对于大多数现有鲁棒控制的主要优势如下。

(1)DOBC 不是基于最坏情况设计的方法,而是采用扰动观测器作为原反馈控制器的补丁,来估计和补偿不确定性。

(2)DOBC 框架实现了在系统标称性能和鲁棒性之间的良好权衡。在没有不确定性的情况下,扰动观测器将不会被激活,原反馈控制器将保持标称控制性能。在存在不确定性的情况下,扰动观测器将进行不确定性估计和补偿,从而在不涉及过多控制能量的情况下实现对不确定性的鲁棒性。

DOBC 通常与 PID 控制、鲁棒控制、滑模控制、Backstepping 控制等反馈控制律相结合,构成一种复合控制方法,在串联、并联、混联机构控制中应用广泛。Pi 等为了改善 6-DOF 液压并联平台的轨迹跟踪性能,提出了一种基于扰动观测器的级联控制方法,采用扰动观测器估计不确定干扰 [158]。Mohammadi 等为提高扰动观测器的应用效果,针对多关节机器人提出了一种扰动观测器的计算力矩控制方法 [159]。Singh 等提出了一种基于扰动观测器的滑模控制方法来提高 2-PRP 和 1-PPR 并联机器人的控制性能 [160]。Ai 等为踝关节康复机器人设计了一种基于扰动观测器的自适应反演滑模控制器 [161]。

1.4.5　混联机构控制存在的问题

混联机构是一个典型的多输入、多输出、强耦合、不确定的非线性系统,存在建模误差、负载变化、摩擦力、作业环境干扰等未知上界的不确定性以及不匹配扰动。

1. 不确定混联机构的高性能控制

在保证系统性能不下降的情况下,提高系统的鲁棒性一直是控制工程的研究热点,并取得了很多成果。根据前面的文献梳理可知,滑模控制、基于扰动观测器的控制能有效处理系统不确定性,但一般都是针对特定的机构,调整参数的规律不易总结。此外,大部分研究都假设系统的扰动上界是已知的,然而在实际工程应用中扰动上界很难获得,而自适应控制是一种能有效解决该问题的方法。如何根据混联机构的特性和实际运行情况,综合滑模控制、自适应控制、非线性扰动观测器技术,设计鲁棒性强、性能优的控制策略还需进行深入研究。

2. 不匹配扰动下的混联机构控制问题

目前,并联机构、串联机构、混联机构的动力学控制主要研究的是"力 / 力矩 - 位姿"关系,关于如何抑制不匹配扰动的研究相对较少。从前面的分析可知,滑模控制对匹配扰动有鲁棒性,但对不匹配扰动较敏感;Backstepping 控制可以处理不匹配扰动,但无法保证鲁棒性,其与滑模控制结合后可提高系统的鲁棒性,但会引起滑模控制抖振;基于扰动观测器的控制可用来处理不匹配扰动,还能消弱滑模控制抖振。在不匹配扰动情况下如何将滑模控制、Backstepping 控制和基于扰动观测器的控制相结合,进一步提高混联机构控制系统的鲁棒性还需进行深入探讨。

1.5　主要研究内容

电泳涂装输送装备是汽车涂装生产线的动脉,其运行性能对电泳涂装质量有重要影响,直接关系到汽车的外观和车身的使用寿命,这就对电泳涂装输送装备的运行性能提出了很高的要求。混联机构作为汽车电泳涂装输送装备的主体,其运行性能直接决定了汽车电泳涂装输送装备的性能。然而,目前针对存在建模误差、负载变化、摩擦力、未建模动态、外部干扰等不确定性的混联机构的高性能控制仍然没有实现。因此,本书以混联机构为研究对象,采用理论分析、仿真试验、样机试验相结合的方法,研究鲁棒滑模控制方法,以提高控制系统的精度和鲁棒性,为该机构在汽车电泳涂装输送装备中的工程应用奠定理论基础。本书主要研究内容如下。

第 1 章对混联机构的发展概况和运动学、动力学、控制方法的研究现状进行了综述。首先,阐述了研究背景和意义。其次,分析了汽车电泳涂装输送装备的研究现状和混联机构的发展概况。最后,综述了混联机构运动学、动力学、控制方法的研究现状,分析对比了几种不确定控制方法的优缺点,提出了本书对不确定混联机构的控制方法。

第 2 章为混联机构的运动学与动力学分析与建模。首先,分析了汽车电泳涂装输送装备用混联机构的特点。其次,对该混联机构进行了运动学分析,求得了机构的雅克比矩阵,并进行了运动学仿真分析。最后,对不确定混联机构进行了动力学分析和建模,采用拉格朗日法建立了动力学模型,并对所建立的动力学模型进行了验证分析,为动力学控制提供了条件。

第 3 章针对滑模控制中过大的切换增益会引起滑模控制抖振问题,提出了一种结合非线性扰动观测器的鲁棒滑模控制方法。首先,针对混联机构中存在的不确定性,设计了滑模控制器,以保证系统在不确定性影响下的跟踪性能。其次,将混联机构运动过程中存在的不确定性作为集总扰动,设计了非线性扰动观测器估计集总扰动,且放宽了集总扰动需缓慢变化的限制。最后,将扰动估计值前馈补偿,理论证明了所提控制方法可以保证系统稳定。

第 4 章提出了一种无须不确定性上界信息的自适应全局鲁棒滑模控制方法。首先,设计了有限时间积分滑模控制器,消除滑模控制的到达阶段,使混联机构系统在响应的全过程均具有鲁棒性,并通过理论证明了滑模面有限时间到达。其次,设计了根据滑模面偏离程度的切换增益自适应律,避免了对混联机构不确定性上界信息的先验要求。最后,采用非线性扰动观测器主动补偿系统集总扰动,解决了控制系统过渡自适应导致滑模切换增益过大的问题,进一步消弱了滑模控制抖振,并通过理论分析证明了控制器可以使闭环系统稳定且系统的动态响应与标称系统在标称控制器作用下的动态响应一致。

第 5 章针对不确定混联机构中存在不匹配扰动的问题,提出了一种抗不匹配扰动的鲁棒滑模控制方法。考虑驱动电机动力学特性后,会增加混联机构系统的阶次,使混联机构中存在与驱动电机控制电压不在同一通道的不匹配扰动。首先,设计非线性扰动观测器对系统中的不匹配和匹配扰动进行了估计。其次,采用反演滑模法设计了不确定混联机构系统控制器,提高了系统的鲁棒性,基于 Lyapunov 稳定性理论设计了虚拟控制律和控制律,采用非线性扰动观测器主动补偿不匹配扰动和匹配扰动。最后,在反演滑模控制器基础上,设计了自适应律对扰动误差进行估计,自适应动态调整切换增益,并在理论上证明了系统的稳定性以及混联机构跟踪误差渐近收敛于零。

第 6 章构建了汽车电泳涂装输送用混联机构样机系统,对样机控制系统的软硬件进行了设计。首先,对样机控制系统硬件进行了选型与设计。其次,采用 Visual C++ 2010 和 Pewin32PRO2 软件开发了样机控制系统软件。最后,基于该样机分别对本书提出的鲁棒滑模控制方法进行试验验证,验证了所提控制方法的正确性和有效性。

第 7 章总结了本书的主要工作,并对不确定混联机构控制方面的研究工作进行了展望。

第2章 混联机构分析与建模

2.1 引言

混联机构是一个典型的多输入、多输出、强耦合、不确定的非线性系统,其运动学、动力学建模问题是实现其高性能动力学控制的前提。本章以汽车电泳涂装输送用混联机构为研究对象,首先对混联机构进行分析;然后根据混联机构的特性求解机构运动学正解和反解问题以及机构的速度雅克比矩阵,并进行运动学仿真;最后采用拉格朗日法建立尽可能准确和简洁的混联机构任务空间和关节空间动力学模型,并对所建动力学模型进行仿真验证。

2.2 汽车电泳涂装输送用混联机构

汽车电泳涂装输送用混联机构由行走机构和升降翻转机构组成,其中行走机构和升降翻转机构相互独立,其样机和三维图分别如图2.1和图2.2所示。

图2.1 汽车电泳涂装输送用混联机构样机

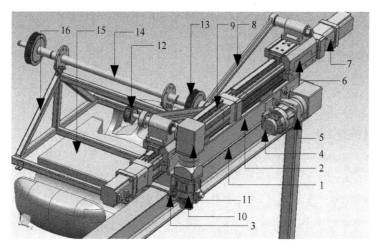

图 2.2　汽车电泳涂装输送用混联机构三维图

1—导轨;2—底座;3—导轮;4—行走驱动电机;5—行走减速机;
6—滑块;7—滑块驱动电机;8—连杆;9—丝杠;10—翻转驱动电机;
11—翻转减速机;12—主动轮;13—从动轮;14—连接杆;15—白车身;16—托架

　　行走机构由两套相同且两边对称的行走装置构成,行走装置由底座、导轨、行走驱动电机、行走减速机、行走轮、导向轮组成;其中伺服电机通过减速机驱动行走轮带动升降翻转机构沿导轨移动,两端的导向轮用于限制该部分只能在直线方向运动。升降翻转机构是典型的混联机构,由两套对称的升降翻转装置组成,升降翻转机构由滑块驱动电机、滑块、丝杠、连杆、连接杆、车身固定架、翻转驱动电机、翻转减速机、主动轮、从动轮、同步带等组成;其中滑块驱动电机通过丝杠驱动滑块移动,滑块通过连杆带动固定在连接杆上的车身固定架上下运动;翻转驱动电机通过翻转减速机带动驱动轮转动,驱动轮通过同步带带动固定在连接杆上的从动轮转动,从而实现车身固定架的翻转[11]。该混联机构利用行走部分的运动与升降翻转部分的运动,实现汽车白车身在电泳涂装生产线不同工序中的移动以及在电泳槽液中的升降和翻转运动。

　　汽车电泳涂装输送用混联机构具有以下特点。

　　(1)该机构中行走机构与升降翻转机构是相互独立的,升降翻转机构结构较复杂,对电泳涂装质量影响较大,因此升降翻转机构的控制是本书的主要研究对象。

　　(2)该机构在导轨两侧是相同且对称的,通过连接杆实现导轨两侧同步运行;单侧两个对称的连杆通过滑块带动的相对运动实现白车身的升降运动。

　　(3)固定在车身固定架上的白车身升降翻转机构由移动副和运动副组成。

2.3　混联机构运动学分析

2.3.1　混联机构运动学反解

　　根据上一节的分析,行走机构和升降翻转机构相互独立,行走机构结构较简单,本章重点分析升降翻转机构。在本书后续部分将升降翻转机构简称为混联机构,该混联机构的结构示意图如图 2.3 所示。混联机构运动学反解为已知白车身的位姿求四个滑块的位移和两个主动轮的转角。将混联机构中各个连杆与滑块的连接点记为 $B_i(i=1,2,3,4)$,连接杆两端上从动轮的中心记为 $P_i(i=1,2)$。建立定坐标系 $\{B\}=\{O\text{-}XYZ\}$,其中定坐标系中原点 O 位于 B_1 与 B_2 的中点,X 轴沿 B_2B_1 方向,Y 轴沿 P_2P_1 方向,Z 轴垂直于行走导轨向下;建立动坐标系 $\{T\}=\{O'\text{-}X'Y'Z'\}$,其中动坐标系原点 O' 位于连接杆中点,X' 轴沿 B_2B_1 方向,Y' 轴沿 P_2P_1 方向,Z' 轴垂直于行走导轨向下;$L_i(i=1,2,3,4)$ 为机构连杆长度,且 $L_1=L_2=L_3=L_4$;L_5 为连接杆长度[14]。

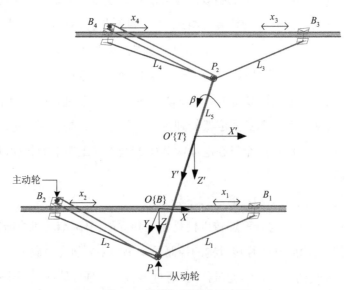

图 2.3　混联机构结构示意图

　　根据涂装工艺要求,白车身在 X 轴和 Y 轴方向不移动,只有沿 Z 轴方向移动和绕 Y 轴转动两个自由度。机构末端,即固定在车身固定架上的白车身的位姿可用动坐标系相对定坐标系的广义坐标 $X=(z,\beta)^{\mathrm{T}}$ 表示,其中 z 表示白车身在 Z 轴方向上的值,β 表示白车身绕 Y 轴转动的角度,且 β 的正向符合右手螺旋法则。P_1、P_2、B_1、B_2、B_3、B_4 在定坐标系中的坐标分

别为 $P_1(0,0,z_1)$、$P_2(0,-L_5,z_2)$、$B_1(x_1,0,0)$、$B_2(x_2,0,0)$、$B_3(x_3,-L_5,0)$、$B_4(x_4,-L_5,0)$。其中，z_1、z_2 分别为 P_1 和 P_2 在 Z 轴方向的位置，且 $z_1=z_2$；x_1、x_2、x_3、x_4 分别为 B_1、B_2、B_3、B_4 在 X 轴方向的位置，且 $x_1=x_3$，$x_2=x_4$。

混联机构的侧视图如图 2.4 所示，机构的初始位置用实线表示，机构的当前位置用虚线表示。混联机构运动学反解为根据给定的连接杆在定坐标系中的位姿 z 和 β 求各主动关节在定坐标系中的位置 x_1、x_2、x_3、x_4、θ_1、θ_2。根据机构导轨两侧是完全相同、单侧是对称的特性以及连杆不可伸缩的特点，选用连杆长度为约束方程，求得混联机构的位置方程 [138] 为

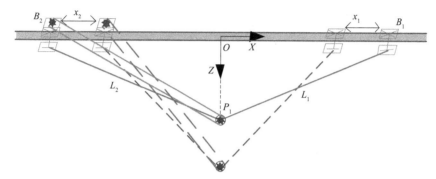

图 2.4 混联机构侧视图

$$\begin{cases} x_1^2+z_1^2=L_1^2 \\ x_2^2+z_1^2=L_2^2 \\ x_3^2+z_2^2=L_3^2 \\ x_4^2+z_2^2=L_4^2 \\ r_2\theta_1=r_1\beta_1 \\ r_2\theta_2=r_1\beta_2 \\ z_1=z_2=z \\ \beta_1=\beta_2=\beta \end{cases} \quad (2.1)$$

式中：β_1 和 β_2 分别为连接杆两端 P_1 和 P_2 在定坐标系中绕 Y 轴转动的角度；r_1 和 r_2 分别为从动轮和主动轮的半径。

根据混联机构的特性，B_1 和 B_3 对应的滑块只能在 X 轴的正半轴移动，B_2 和 B_4 对应的滑块只能在 X 轴的负半轴移动，进一步可得混联机构的位置反解方程为

$$\begin{cases} x_1=\sqrt{L_1^2-z^2} \\ x_2=-\sqrt{L_2^2-z^2} \\ x_3=\sqrt{L_3^2-z^2} \\ x_4=-\sqrt{L_4^2-z^2} \\ \theta_1=\dfrac{r_1}{r_2}\beta \\ \theta_2=\dfrac{r_1}{r_2}\beta \end{cases} \quad (2.2)$$

2.3.2　混联机构运动学正解

混联机构的运动学正解为已知四个滑块的位移(x_1,x_2,x_3,x_4)和两个主动轮的转角(θ_1,θ_2),求连接杆中点的位姿z和β,本书采用解析法对混联机构进行运动学正解分析[138]。选用连杆长度为约束方程,根据滑块B_1、B_2和P_1在定坐标系中的值,求得混联机构位置正解方程为

$$\begin{cases} z^2 = L_1^2 - \left(\dfrac{x_1 - x_2}{2} \right)^2, & x_1 = -x_2 \\ \beta = \dfrac{r_2}{r_1}\left(\dfrac{\theta_1 + \theta_2}{2} \right), & \theta_1 = \theta_2 \end{cases} \tag{2.3}$$

由式(2.3)可得,混联机构连接杆中点的位姿可由滑块B_1、B_2的位移和P_1的转动角度确定。由于连接杆中点在定坐标系中只沿Z轴的正半轴移动,且无沿X轴、Y轴方向的运动,因此根据混联机构特性可得混联机构位置运动学正解结果为

$$\begin{cases} z = \sqrt{L_1^2 - x_1^2} \\ \beta = \dfrac{r_2}{r_1}\theta_1 \end{cases} \tag{2.4}$$

2.3.3　混联机构雅克比矩阵

雅克比矩阵在混联机构运动学分析中占有重要地位,利用雅克比矩阵可以建立混联机构末端速度与各主动关节速度间的关系式,还可建立混联机构末端加速度与各主动关节加速度间的关系式,以及混联机构末端和外界作用力与各主动关节力间的关系式[32]。混联机构雅克比矩阵J描述的是连接杆中点的速度与滑块、主动轮速度矢量之间的映射关系,通过分别对运动学反解方程(2.2)两边对时间求导,可得

$$\begin{bmatrix} \dot{x}_1 \\ \dot{x}_2 \\ \dot{x}_3 \\ \dot{x}_4 \\ \dot{\theta}_1 \\ \dot{\theta}_2 \end{bmatrix} = \begin{bmatrix} \dfrac{\partial x_1}{\partial z} & \dfrac{\partial x_2}{\partial z} & \dfrac{\partial x_3}{\partial z} & \dfrac{\partial x_4}{\partial z} & \dfrac{\partial \theta_1}{\partial z} & \dfrac{\partial \theta_2}{\partial z} \\ \dfrac{\partial x_1}{\partial \beta} & \dfrac{\partial x_2}{\partial \beta} & \dfrac{\partial x_3}{\partial \beta} & \dfrac{\partial x_4}{\partial \beta} & \dfrac{\partial \theta_1}{\partial \beta} & \dfrac{\partial \theta_2}{\partial \beta} \end{bmatrix}^{\mathrm{T}} \begin{bmatrix} \dot{z} \\ \dot{\beta} \end{bmatrix} \tag{2.5}$$

式(2.5)可表示为$\dot{q} = J\dot{X}$,其中J为混联机构的雅克比矩阵,$\dot{q}$为机构主动关节的速度,$\dot{X}$为连接杆中点的速度矢量。

根据式(2.2)和式(2.5),可求得混联机构的雅克比矩阵J为

$$J = \begin{bmatrix} \dfrac{-z}{\sqrt{L_1^2 - z^2}} & \dfrac{z}{\sqrt{L_2^2 - z^2}} & \dfrac{-z}{\sqrt{L_3^2 - z^2}} & \dfrac{z}{\sqrt{L_4^2 - z^2}} & 0 & 0 \\ 0 & 0 & 0 & 0 & \dfrac{r_1}{r_2} & \dfrac{r_1}{r_2} \end{bmatrix}^{\mathrm{T}} \quad (2.6)$$

2.3.4　运动学仿真与分析

为了消除汽车电泳涂装过程中的车顶气包,提高电泳涂装质量,白车身需要在电泳槽液中做翻转和升降运动。通过分析电泳涂装工艺,得到白车身期望的运动轨迹如下:首先混联机构匀速运动至电泳槽口,车身逆时针翻转 180° 使车顶向下;然后车身以余弦轨迹做升降运动;再后车身继续翻转 180°,当车顶向上时停止翻转;最后混联机构匀速离开电泳槽。因此,可得到混联机构的期望运动轨迹[14] 为

$$\begin{cases} z = \begin{cases} 0.245\,5 & (0\,\mathrm{s} < t \leqslant 4\,\mathrm{s}) \\ 0.345\,5 - 0.1\cos\left[\pi(t-4)/4\right] & (4\,\mathrm{s} < t \leqslant 12\,\mathrm{s}) \\ 0.245\,5 & (12\,\mathrm{s} < t \leqslant 16\,\mathrm{s}) \end{cases} \\ \beta = \begin{cases} 0 & (0\,\mathrm{s} \leqslant t \leqslant 2\,\mathrm{s}) \\ \dfrac{\pi}{2} - \dfrac{\pi}{2}\cos\left[\pi(t-2)/4\right] & (2\,\mathrm{s} < t \leqslant 6\,\mathrm{s}) \\ \pi & (6\,\mathrm{s} < t \leqslant 10\,\mathrm{s}) \\ \dfrac{3}{2}\pi - \dfrac{\pi}{2}\cos\left[\pi(t-10)/4\right] & (10\,\mathrm{s} < t \leqslant 14\,\mathrm{s}) \\ 2\pi & (14\,\mathrm{s} < t \leqslant 16\,\mathrm{s}) \end{cases} \end{cases} \quad (2.7)$$

混联机构样机参数见表 2.1。根据式(2.7)所示的任务空间期望运动轨迹,对混联机构进行仿真试验,任务空间期望运动轨迹如图 2.5 所示。

表 2.1　混联机构样机参数

参数	值	参数	值
主动轮半径 r_2	0.025 m	从动轮半径 r_1	0.075 m
连杆长度 $L_1 = L_2 = L_3 = L_4$	0.495 m	连接杆长度 L_5	0.72 m
底座长度	1 m	齿轮分度圆直径 d	0.034 4 m
丝杠导程 s	0.01 m	减速机减速比 n	1 : 20

由于混联机构导轨两侧完全相同且对称,因此本书在后续的仿真结果中只给出滑块 1、滑块 2 和主动轮 1 的仿真和试验结果。根据运动学反解方程(2.2)得到主动关节的运动轨迹如图 2.6 所示。由图 2.5 和图 2.6 可知,混联机构的运动轨迹与期望轨迹相一致。

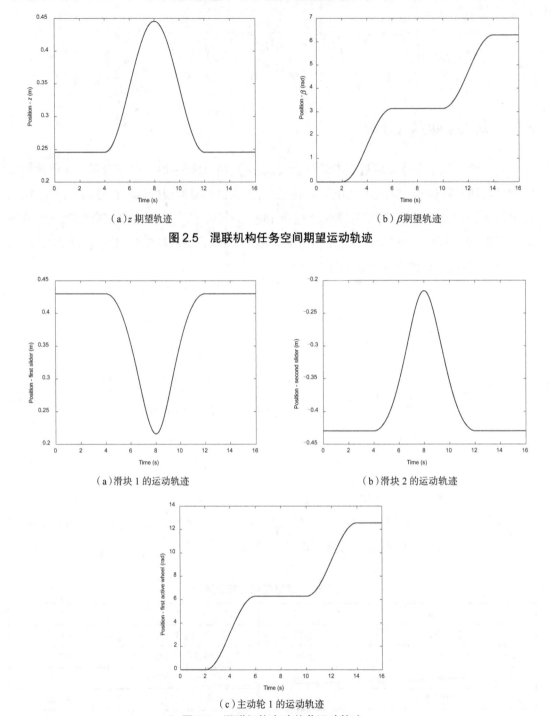

（a）z 期望轨迹　　　　　　　　　　　　　　　（b）β 期望轨迹

图 2.5　混联机构任务空间期望运动轨迹

（a）滑块 1 的运动轨迹　　　　　　　　　　　　（b）滑块 2 的运动轨迹

（c）主动轮 1 的运动轨迹

图 2.6　混联机构主动关节运动轨迹

为了便于后续试验样机的电机选型,需要知道混联机构各主动关节的运动速度,根据雅克比矩阵(式(2.6)),可得到各主动关节的期望速度曲线如图 2.7 所示。由图 2.7 可知,滑块 1 和 2 的最大速度是 0.09 m/s,对应驱动电机的最大转速是 542 r/min;主动轮 1 的最大角速度是 2.467 rad/s,对应驱动电机的最大转速是 1 413 r/min。

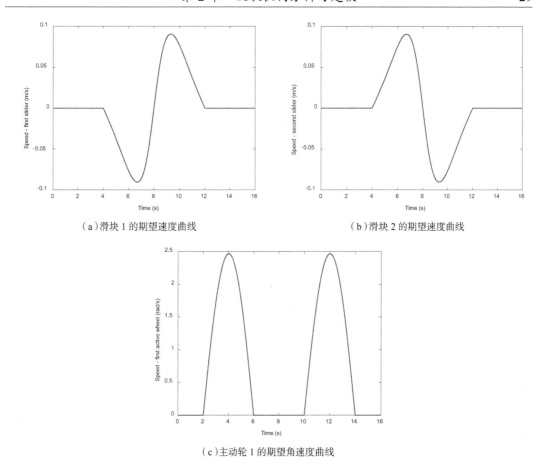

（a）滑块 1 的期望速度曲线　　　　　　　　　　（b）滑块 2 的期望速度曲线

（c）主动轮 1 的期望角速度曲线

图 2.7　混联机构关节空间期望速度曲线

2.4　不确定混联机构动力学建模

由第 1 章可知,混联机构动力学建模方法有牛顿 - 欧拉法、拉格朗日法、凯恩方程法和虚功原理法等。拉格朗日法基于系统动能和势能,采用纯粹的分析法进行动力学建模,用广义坐标描述非自由质点系的运动,得到一组以系统的能量和广义力表示的独立运动方程,具有建模过程规范、不必考虑未知的约束反力、表达式简单等优点 [14]。针对混联机构具有少自由度的特点,本书采用拉格朗日法建立其动力学模型。

考虑多刚体混联机构,其拉格朗日函数为混联机构的动能与势能之差,即

$$L = T - U \tag{2.8}$$

式中:L 为拉格朗日函数;T 为混联机构的动能;U 为混联机构的势能。

混联机构的拉格朗日方程为

$$\frac{\mathrm{d}}{\mathrm{d}t}\left(\frac{\partial L(\boldsymbol{X},\dot{\boldsymbol{X}})}{\partial\dot{\boldsymbol{X}}}\right)-\frac{\partial L(\boldsymbol{X},\dot{\boldsymbol{X}})}{\partial\dot{\boldsymbol{X}}}=\boldsymbol{Q} \tag{2.9}$$

式中：$\boldsymbol{X}$ 为混联机构广义坐标中的位姿向量，本书中为 $\boldsymbol{X}=(z,\beta)^{\mathrm{T}}$；$\boldsymbol{Q}$ 为对应广义坐标的广义力。

为了采用拉格朗日方程求得混联机构的动力学方程，把混联机构分解为白车身、托架、连杆、滑块、主动轮与从动轮五部分[138]。假设机构各构件的质量均匀分布，各连接构件质量忽略不计，并忽略机构各运动副质量和摩擦力的影响，且各关节的约束力为理想约束力。

2.4.1 系统动能

1. 白车身的动能

假设输送机构输送的白车身为长方体，白车身的动能包括车身的平动动能和转动动能。假设白车身位姿参数为 $(\alpha,\beta,\gamma)^{\mathrm{T}}$，白车身质心速度 $V_C=(\dot{x}_C,\dot{y}_C,\dot{z}_C)^{\mathrm{T}}$，其中 $(x_C,y_C,z_C)^{\mathrm{T}}$ 为白车身质心在定坐标系 $\{B\}$ 下的位移。根据前面的运动学分析可得到白车身质心速度为

$$V_C=(\Delta_1\cdot\cos\beta\cdot\dot{\beta},0,\Delta_1\cdot\sin\beta\cdot\dot{\beta}+\dot{z})^{\mathrm{T}} \tag{2.10}$$

式中：$\Delta_1=L_6\cos\dfrac{1}{2}\psi+\dfrac{1}{2}b$ 为白车身质心到连接杆中点的长度，其中 L_6 为托架中斜支架的长度，ψ 为托架中两根斜支架之间的夹角，a、c、b 分别为白车身在 X 轴方向、Y 轴方向、Z 轴方向的长度。

因为在电泳涂装过程中白车身只绕 Y 轴转动，则白车身角速度 $\boldsymbol{\omega}_C$ 为

$$\boldsymbol{\omega}_C=\begin{bmatrix}\cos\beta & 0 & 0\\ 0 & 1 & 0\\ -\sin\beta & 0 & 1\end{bmatrix}\begin{bmatrix}0\\ \dot{\beta}\\ 0\end{bmatrix} \tag{2.11}$$

白车身转动惯量为

$$\boldsymbol{I}_C=\begin{bmatrix}0 & 0 & 0\\ 0 & m_C\left(\dfrac{1}{12}a^2+\dfrac{1}{12}c^2+\Delta_1^{\,2}\right) & 0\\ 0 & 0 & 0\end{bmatrix} \tag{2.12}$$

则白车身的动能为

$$T_C=\frac{1}{2}m_C V_C^{\mathrm{T}}V_C+\frac{1}{2}\boldsymbol{\omega}_C^{\mathrm{T}}\boldsymbol{I}_C\boldsymbol{\omega}_C \tag{2.13}$$

式中：m_C 为白车身质量。

2. 托架的动能

白车身托架的动能包括托架的平动动能和转动动能。托架在定坐标系 $\{B\}$ 下的速度为

$$\begin{cases} \boldsymbol{V}_{GB_1} = \left(\dfrac{1}{2}L_6\cos\left(\dfrac{1}{2}\psi+\beta\right)\dot{\beta},\, 0,\, \dot{z}-\dfrac{1}{2}L_6\sin\left(\dfrac{1}{2}\psi+\beta\right)\dot{\beta}\right) \\[3mm] \boldsymbol{V}_{GB_2} = \left(\dfrac{1}{2}L_6\cos\left(\dfrac{1}{2}\psi-\beta\right)\dot{\beta},\, 0,\, \dot{z}+\dfrac{1}{2}L_6\sin\left(\dfrac{1}{2}\psi-\beta\right)\dot{\beta}\right) \\[3mm] \boldsymbol{V}_{GB_3} = \left(\dfrac{1}{2}L_6\cos\left(\dfrac{1}{2}\psi+\beta\right)\dot{\beta},\, 0,\, \dot{z}-\dfrac{1}{2}L_6\sin\left(\dfrac{1}{2}\psi+\beta\right)\dot{\beta}\right) \\[3mm] \boldsymbol{V}_{GB_4} = \left(\dfrac{1}{2}L_6\cos\left(\dfrac{1}{2}\psi-\beta\right)\dot{\beta},\, 0,\, \dot{z}+\dfrac{1}{2}L_6\sin\left(\dfrac{1}{2}\psi-\beta\right)\dot{\beta}\right) \end{cases} \tag{2.14}$$

托架只绕 Y 轴转动, 其转动惯量为

$$\boldsymbol{I}_B = \frac{4}{3}m_B L_6^2 \tag{2.15}$$

式中: $\boldsymbol{m}_B=(m_{B_i})(i=1,2,3,4)$ 为托架中斜支架的质量, 且 $m_{B_1}=m_{B_2}=m_{B_3}=m_{B_4}$。

则托架的动能为

$$\boldsymbol{T}_B = \sum_{i=1}^{4}\frac{1}{2}m_{B_i}\boldsymbol{V}_{GB_i}^{\mathrm{T}}\boldsymbol{V}_{GB_i} + \frac{1}{2}\boldsymbol{\omega}_B^{\mathrm{T}}\boldsymbol{I}_B\boldsymbol{\omega}_B \tag{2.16}$$

式中: $\boldsymbol{\omega}_B$ 为托架的角速度, 由于托架与连接杆硬连接且只绕 Y 轴转动, 因此 $\boldsymbol{\omega}_B=(0,\dot{\beta},0)^{\mathrm{T}}$。

3. 连杆的动能

在实际运行中, 由于连杆转动范围较小, 因此可忽略其转动动能。连杆的动能包括 4 个连杆的平动动能、连接杆的平动动能、连接杆的转动动能。由前面的运动学分析可以得到 4 个连杆和连接杆的质心在定坐标系 $\{B\}$ 下的坐标为

$$\begin{cases} \boldsymbol{G}_{L_1} = \left(\dfrac{1}{2}\sqrt{L_1^2-z^2},\, 0,\, \dfrac{z}{2}\right)^{\mathrm{T}} \\[3mm] \boldsymbol{G}_{L_2} = \left(-\dfrac{1}{2}\sqrt{L_2^2-z^2},\, 0,\, \dfrac{z}{2}\right)^{\mathrm{T}} \\[3mm] \boldsymbol{G}_{L_3} = \left(\dfrac{1}{2}\sqrt{L_3^2-z^2},\, -L_5,\, \dfrac{z}{2}\right)^{\mathrm{T}} \\[3mm] \boldsymbol{G}_{L_4} = \left(-\dfrac{1}{2}\sqrt{L_4^2-z^2},\, -L_5,\, \dfrac{z}{2}\right)^{\mathrm{T}} \\[3mm] \boldsymbol{G}_{L_5} = \left(0,\, -\dfrac{L_5}{2},\, z\right)^{\mathrm{T}} \end{cases} \tag{2.17}$$

对式 (2.17) 求导, 得到连杆和连接杆质心的线速度为

$$
\begin{cases}
V_{GL_1} = \left(-\dfrac{z\dot{z}}{2\sqrt{L_1^2 - z^2}}, 0, \dfrac{\dot{z}}{2} \right)^{\mathrm{T}} \\[4mm]
V_{GL_2} = \left(\dfrac{z\dot{z}}{2\sqrt{L_2^2 - z^2}}, 0, \dfrac{\dot{z}}{2} \right)^{\mathrm{T}} \\[4mm]
V_{GL_3} = \left(-\dfrac{z\dot{z}}{2\sqrt{L_3^2 - z^2}}, 0, \dfrac{\dot{z}}{2} \right)^{\mathrm{T}} \\[4mm]
V_{GL_4} = \left(\dfrac{z\dot{z}}{2\sqrt{L_4^2 - z^2}}, 0, \dfrac{\dot{z}}{2} \right)^{\mathrm{T}} \\[4mm]
V_{GL_5} = \left(0, 0, \dot{z} \right)^{\mathrm{T}}
\end{cases}
\tag{2.18}
$$

由于连接杆中点只能绕 Y 轴转动,其角速度 $\boldsymbol{\omega}_{L_5} = (0, \dot{\beta}, 0)^{\mathrm{T}}$,因此可以得到连接杆的转动惯量为

$$
\boldsymbol{I}_{L_5} = \mathrm{diag}\left(0, \frac{1}{2} m_{L_5} r_{L_5}^2, 0 \right)
\tag{2.19}
$$

式中: m_{L_5} 为连接杆质量; r_{L_5} 为连接杆半径。

根据式(2.17)、式(2.18)和式(2.19),可以得到混联机构连杆的动能为

$$
\boldsymbol{T}_L = \sum_{i=1}^{5} \frac{1}{2} m_{L_i} \boldsymbol{V}_{GL_i}^{\mathrm{T}} \boldsymbol{V}_{GL_i} + \frac{1}{2} \boldsymbol{\omega}_{L_5}^{\mathrm{T}} \boldsymbol{I}_{L_5} \boldsymbol{\omega}_{L_5}
\tag{2.20}
$$

式中: $m_{L_i}(i = 1, 2, 3, 4)$ 为 4 根连杆的质量,且 $m_{L_1} = m_{L_2} = m_{L_3} = m_{L_4}$。

4. 滑块的动能

混联机构连杆的 4 个驱动滑块仅在丝杠上做直线运动,因此滑块的转动动能为零。根据前面的运动学分析,可以得到 4 个滑块的质心速度为

$$
\begin{cases}
V_{S_1} = V_{S_3} = \left(-\dfrac{z\dot{z}}{\sqrt{L_1^2 - z^2}}, 0, 0 \right)^{\mathrm{T}} \\[4mm]
V_{S_2} = V_{S_4} = \left(\dfrac{z\dot{z}}{\sqrt{L_1^2 - z^2}}, 0, 0 \right)^{\mathrm{T}}
\end{cases}
\tag{2.21}
$$

可以得到滑块的动能为

$$
\boldsymbol{T}_S = \frac{1}{2} \sum_{i=1}^{4} m_{S_i} \boldsymbol{V}_{S_i}^{\mathrm{T}} \boldsymbol{V}_{S_i}
\tag{2.22}
$$

式中: m_{S_i} 为滑块 i 的质量; V_{S_i} 为滑块 i 的质心速度。

5. 主动轮与从动轮的动能

由于主动轮只能绕 Y 轴转动,因此主动轮的角速度和转动惯量分别为

$$
\boldsymbol{\omega}_{W_1} = \left(0, \frac{r_1}{r_2} \dot{\beta}, 0 \right)^{\mathrm{T}}
\tag{2.23}
$$

$$\boldsymbol{I}_{W_1} = \begin{bmatrix} 0 & 0 & 0 \\ 0 & \dfrac{1}{2}m_a r_2^2 & 0 \\ 0 & 0 & 0 \end{bmatrix} \tag{2.24}$$

式中：m_a 为主动轮质量；r_1 为从动轮半径；r_2 为主动轮半径。

主动轮被固定在第二个滑块上，可得主动轮的质心速度为

$$V_{W_1} = \left(\frac{z\dot{z}}{\sqrt{L_1^2 - z^2}}, 0, 0 \right)^{\mathrm{T}} \tag{2.25}$$

根据式（2.23）、式（2.24）和式（2.25），可得主动轮的动能为

$$T_{WR_1} = \frac{1}{2}\boldsymbol{\omega}_{W_1}^{\mathrm{T}} \boldsymbol{I}_{W_1} \boldsymbol{\omega}_{W_1} + \frac{1}{2}m_a V_{W_1}^{\mathrm{T}} V_{W_1} \tag{2.26}$$

由于从动轮只能绕 Y 轴转动，因此从动轮的角速度和转动惯量分别为

$$\boldsymbol{\omega}_{W_2} = (0, \dot{\beta}, 0)^{\mathrm{T}} \tag{2.27}$$

$$\boldsymbol{I}_{W_2} = \begin{bmatrix} 0 & 0 & 0 \\ 0 & \dfrac{1}{2}m_b r_1^2 & 0 \\ 0 & 0 & 0 \end{bmatrix} \tag{2.28}$$

式中：m_b 为从动轮质量。

由于从动轮被固定在连接杆上，可得从动轮的质心速度为

$$V_{W_2} = (\dot{x}, 0, \dot{z})^{\mathrm{T}} \tag{2.29}$$

根据式（2.27）、式（2.28）和式（2.29），可得从动轮的动能为

$$T_{WR_2} = \frac{1}{2}\boldsymbol{\omega}_{W_2}^{\mathrm{T}} \boldsymbol{I}_{W_2} \boldsymbol{\omega}_{W_2} + \frac{1}{2}m_b V_{W_2}^{\mathrm{T}} V_{W_2} \tag{2.30}$$

因此，根据式（2.26）和式（2.30），可得主动轮和从动轮的动能为

$$T_W = T_{WR_1} + T_{WR_2} \tag{2.31}$$

根据式（2.13）、式（2.16）、式（2.20）、式（2.22）和式（2.31），可得混联机构的总动能为

$$T = T_C + T_B + T_L + T_S + T_W \tag{2.32}$$

2.4.2　系统势能

混联机构势能的大小与坐标系的选择有关，选取定坐标系 {B} 中平面为零势面，则白车身的势能可表示为

$$U_C = m_C g(z - \Delta_1 \cos\beta) \tag{2.33}$$

式中：g 为重力加速度。

托架的势能为

$$U_B = 2m_{B_1}g\left[z - \frac{L_6}{2}\cos\left(\frac{1}{2}\psi + \beta \right) \right] + 2m_{B_1}g\left[z - \frac{L_6}{2}\cos\left(\frac{1}{2}\psi - \beta \right) \right] \tag{2.34}$$

连杆的势能为

$$U_L = \left(\frac{1}{2} m_{L_1} gz + \frac{1}{2} m_{L_2} gz + \frac{1}{2} m_{L_3} gz + \frac{1}{2} m_{L_4} gz \right) + m_{L_5} gz \tag{2.35}$$

由于 4 个滑块只在 X 轴方向滑动,因此滑块的势能 U_S 为

$$U_S = 0 \tag{2.36}$$

由于主动轮只在 X 轴方向移动,从动轮只在 Z 轴方向移动,因此主动轮和从动轮的势能可表示为

$$U_W = U_{W_1} = m_b gz \tag{2.37}$$

根据式(2.33)至式(2.37),可得混联机构的总势能为

$$U = U_C + U_B + U_L + U_S + U_W \tag{2.38}$$

2.4.3　任务空间动力学模型

根据前面已求得的混联机构的势能和动能,将式(2.32)和式(2.38)代入拉格朗日方程(2.9),可得混联机构的任务空间动力学模型为

$$\boldsymbol{M}(\boldsymbol{X})\ddot{\boldsymbol{X}} + \boldsymbol{C}(\boldsymbol{X}, \dot{\boldsymbol{X}})\dot{\boldsymbol{X}} + \boldsymbol{G}(\boldsymbol{X}) = \boldsymbol{Q} \tag{2.39}$$

式中:$\boldsymbol{M}(\boldsymbol{X})$ 为惯性矩阵;$\boldsymbol{C}(\boldsymbol{X}, \dot{\boldsymbol{X}})$ 为向心力和哥氏力系数矩阵;$\boldsymbol{G}(\boldsymbol{X})$ 为重力项;$\boldsymbol{Q}$ 为混联机构的广义驱动力。

根据 $\boldsymbol{T} = \frac{1}{2} \dot{\boldsymbol{X}}^{\mathrm{T}} \boldsymbol{M}(\boldsymbol{X}) \dot{\boldsymbol{X}}$ 和混联机构的总动能式(2.32),可得到混联机构的惯性矩阵为

$$\boldsymbol{M}(\boldsymbol{X}) = \begin{bmatrix} M_{11} & M_{12} \\ M_{21} & M_{22} \end{bmatrix} \tag{2.40}$$

其中

$$M_{11} = m_C + 4m_{L_4} + \frac{1}{2}(m_{L_1} + m_{L_2} + 4m_{S_1} + 4m_{S_2} + 4m_a)\psi_2 + 0.5m_{L_1} + 0.5m_{L_2} + 2m_b + m_{L_3}$$

$$M_{12} = -m_C \Delta_1 \sin \beta - 2m_{L_4} L_4 \cos \frac{1}{2} \psi \sin \beta$$

$$M_{21} = -m_C \Delta_1 \sin \beta - 2m_{L_4} L_4 \cos \frac{1}{2} \psi \sin \beta$$

$$M_{22} = m_C \left(\frac{1}{12} a^2 + \frac{1}{12} c^2 + 2\Delta_1^2 \right) + \frac{1}{2} m_{L_3} r_{L_3}^2 + \frac{7}{3} m_{L_4} L_4^2 + m_a r_1^2 + m_b r_2^2$$

$$\psi_2 = \frac{z^2}{L_1^2 - z^2}$$

混联机构的向心力和哥氏力系数矩阵为

$$\boldsymbol{C}(\boldsymbol{X}, \dot{\boldsymbol{X}}) = \dot{\boldsymbol{M}}(\boldsymbol{X}) - \frac{1}{2} \frac{\partial}{\partial \boldsymbol{X}} \left(\dot{\boldsymbol{X}}^{\mathrm{T}} \boldsymbol{M}(\boldsymbol{X}) \right) = \begin{bmatrix} C_{11} & C_{12} \\ C_{21} & C_{22} \end{bmatrix} \tag{2.41}$$

其中

$$C_{11} = \frac{1}{4}\dot{z}(m_{L_1} + m_{L_2} + 4m_{S_1} + 4m_{S_2} + 4m_a)\psi_3$$

$$C_{12} = \dot{\beta}\left(-\frac{1}{2}m_C \varDelta_1 \cos\beta - 2m_{L_4} L_4 \cos\frac{1}{2}\psi\cos\beta\right)$$

$$C_{21} = \dot{\beta}\left(-m_C \psi_1 \cos\beta - m_{L_4} L_4 \cos\frac{1}{2}\psi\cos\beta\right)$$

$$C_{22} = \dot{z}\left(\frac{1}{2}m_C \varDelta_1 \cos\beta + m_{L_4} L_4 \cos\frac{1}{2}\psi\cos\beta\right)$$

$$\psi_3 = \frac{2L_1^2 z}{(L_1^2 - z^2)^2}$$

混联机构的重力项为

$$\boldsymbol{G}(\boldsymbol{X}) = \frac{\partial \boldsymbol{U}(\boldsymbol{X})}{\partial \boldsymbol{X}} = \begin{bmatrix} G_{11} \\ G_{21} \end{bmatrix} \tag{2.42}$$

其中

$$G_{11} = (m_C + 4m_{L_4} + m_{L_1} + m_{L_2} + m_{L_3} + 2m_b)g$$

$$G_{21} = \left(-m_C \varDelta_1 \sin\beta - 4m_{L_4} \cos\frac{1}{2}\psi\cos\beta\right)g$$

混联机构的动力学模型具有以下性质。

（1）$\boldsymbol{M}(\boldsymbol{X})$是对称正定矩阵，即

$$\boldsymbol{M}^{\mathrm{T}}(\boldsymbol{X}) = \boldsymbol{M}(\boldsymbol{X}) \tag{2.43}$$

（2）$\dot{\boldsymbol{M}}(\boldsymbol{X}) - 2\boldsymbol{C}(\boldsymbol{X}, \dot{\boldsymbol{X}})$是反对称矩阵，即

$$\left(\dot{\boldsymbol{M}}(\boldsymbol{X}) - 2\boldsymbol{C}(\boldsymbol{X}, \dot{\boldsymbol{X}})\right)^{\mathrm{T}} = -\left(\dot{\boldsymbol{M}}(\boldsymbol{X}) - 2\boldsymbol{C}(\boldsymbol{X}, \dot{\boldsymbol{X}})\right) \tag{2.44}$$

根据虚功原理，混联机构任务空间的动力学模型中的广义驱动力与各主动关节的驱动力的关系为

$$\boldsymbol{Q} = \boldsymbol{J}^{\mathrm{T}}\boldsymbol{\tau} \tag{2.45}$$

式中：$\boldsymbol{J}$为升降翻转机构的雅克比矩阵；$\boldsymbol{\tau}$为主动关节的驱动力向量。

根据式（2.45），可得主动关节驱动力$\boldsymbol{\tau}$为

$$\boldsymbol{\tau} = (\boldsymbol{J}^{\mathrm{T}})^+ \boldsymbol{Q} \tag{2.46}$$

式中：$(\boldsymbol{J}^{\mathrm{T}})^+ = \boldsymbol{J}(\boldsymbol{J}^{\mathrm{T}}\boldsymbol{J})^{-1}$为$\boldsymbol{J}^{\mathrm{T}}$的伪逆。

2.4.4　关节空间动力学模型

为了实现对混联机构的关节空间控制，需要将任务空间的动力学模型转化为关节空间的动力学模型。由雅克比矩阵（2.6）可得到，任务空间和关节空间的速度、加速度关系为

$$\dot{\boldsymbol{X}} = \boldsymbol{J}(\boldsymbol{X})^+ \dot{\boldsymbol{q}} \tag{2.47}$$

$$\ddot{\boldsymbol{X}} = \boldsymbol{J}(\boldsymbol{X})^+ \ddot{\boldsymbol{q}} - \boldsymbol{J}(\boldsymbol{X})^+ \dot{\boldsymbol{J}}(\boldsymbol{X})\boldsymbol{J}(\boldsymbol{X})^+ \dot{\boldsymbol{q}} \tag{2.48}$$

式中：$\dot{q}$ 为各主动关节速度向量；$\ddot{q}$ 为各主动关节加速度向量，且有 $q = [L_1, L_2, L_3, L_4, \phi_1, \phi_2]^T$。

将式（2.45）、式（2.46）代入式（2.39），可得混联机构关节空间动力学方程为

$$M(q) = \left(J(X)^T\right)^+ M(X) J(X)^+ \tag{2.49}$$

$$C(q,\dot{q}) = \left(J(X)^T\right)^+ \left(C(X,\dot{X}) - M(X)J(X)^+\dot{J}(X)\right)J(X)^+ \tag{2.50}$$

$$G(q) = \left(J(q)^T\right)^+ G(X) \tag{2.51}$$

由式（2.49）至式（2.51）可得

$$M(q)\ddot{q} + C(q,\dot{q})\dot{q} + G(q) = \tau \tag{2.52}$$

为了使所建模型与实际电泳涂装输送工况相近，考虑系统存在摩擦力、建模误差以及槽液阻力、采样延时、传感器噪声等外部扰动，可得输送机构的关节空间动力学模型为

$$\left(\hat{M}(q) + \Delta M(q)\right)\ddot{q} + \left(\hat{C}(q,\dot{q}) + \Delta C(q,\dot{q})\right)\dot{q} + \left(\hat{G}(q) + \Delta G(q)\right) + D(t) = \tau + \tau_{\text{ext}} \tag{2.53}$$

其中

$$M(q) = \hat{M}(q) + \Delta M(q)$$
$$C(q,\dot{q}) = \hat{C}(q,\dot{q}) + \Delta C(q,\dot{q})$$
$$G(q) = \hat{G}(q) + \Delta G(q)$$

式中：$\hat{M}(q)$、$\hat{C}(q,\dot{q})$、$\hat{G}(q)$ 分别表示 $M(q)$、$C(q,\dot{q})$、$G(q)$ 的标称值；$\Delta M(q)$、$\Delta C(q,\dot{q})$、$\Delta G(q)$ 分别表示 $M(q)$、$C(q,\dot{q})$、$G(q)$ 的不确定值；$D(t)$ 为摩擦力项，且 $D(t) = F_c \operatorname{sgn}\dot{q} + B_c\dot{q}$，其中 F_c 为库仑摩擦力矩阵，B_c 为黏性系数矩阵。

为了便于后续控制器的设计，将摩擦力、建模误差、外部扰动作为集总扰动，则混联机构关节空间动力学模型可转换为

$$\hat{M}(q)\ddot{q} + \hat{C}(q,\dot{q})\dot{q} + \hat{G}(q) = \tau + \tau_d \tag{2.54}$$

其中，集总扰动 τ_d 为

$$\tau_d = \tau_{\text{ext}} - D(t) - \Delta M(q)\ddot{q} - \Delta C(q,\dot{q})\dot{q} - \Delta G(q) \tag{2.55}$$

2.4.5　动力学模型仿真与分析

为了验证上述动力学模型式（2.54）的准确性和有效性，采用 MATLAB 进行动力学模型仿真验证，考虑以下两种情况：

（1）理想情况，不考虑模型误差、机构摩擦力和外部扰动；

（2）实际情况，考虑模型误差、机构摩擦力和外部扰动。

混联机构样机详细参数见表 2.2。

表 2.2　混联机构样机参数

参数	值	参数	值
白车身质量 m_C	22 kg	连杆长度 $L_1 = L_2 = L_3 = L_4$	0.495 m
车体固定架斜支架质量 m_{B_1}	6 kg	连接杆长度 L_5	0.72 m
连杆质量 $m_{L_1} = m_{L_2} = m_{L_3} = m_{L_4}$	7 kg	车体固定架斜支架长度 L_6	0.6 m
连接杆质量 m_{L_5}	5 kg	连接杆半径 r_{L_5}	0.125 m
滑块质量 $m_{S_1} = m_{S_2} = m_{S_3} = m_{S_4}$	4 kg	主动轮半径 r_2	0.025 m
主动轮质量 m_a	0.5 kg	从动轮半径 r_1	0.075 m
从动轮质量 m_b	3.2 kg	车体长 a	0.58 m
丝杠导程 s	0.01 m	车体宽 c	0.23 m
丝杠传动效率 η	0.9	车体高 b	0.2 m
重力系数 g	9.8 m/s²	车体固定架夹角 θ	60°

在理想情况下,混联机构各主动关节对应的驱动力曲线如图 2.8 所示。对于滑块驱动电机:从 0 到 4 s,机构在 Z 轴方向不运动,滑块驱动电机维持原有转矩;从 4 s 到 8 s,机构在 Z 轴方向下降到最低位置,滑块 1 和 2 的驱动电机转矩类似正弦、余弦变化,在 8 s 时电机转矩最小;从 8 s 到 12 s,机构在 Z 轴方向从最低位置上升到初始位置,滑块 1 和 2 的驱动电机转矩类似余弦、正弦变化,在 12 s 时电机转矩最大;从 12 s 到 16 s,机构在 Z 轴方向保持初始位置,电机维持原有转矩。对于主动轮驱动电机:从 0 到 2 s,机构不做翻转运动,由于自身重力无须驱动力矩;从 2 s 到 6 s,机构开始逆时针绕 Y 轴翻转,此时主动轮驱动电机施加反向力矩使白车身匀速翻转 180°,翻转到 90° 时驱动力矩最大;从 6 s 到 10 s,机构停止翻转,由于自身重力驱动力矩为零;从 10 s 到 14 s,机构开始逆时针绕 Y 轴翻转,此时主动轮驱动电机施加反向力矩使白车身匀速翻转 360°,翻转到 270° 时驱动力矩最大;从 14 s 到 16 s,机构停止翻转,此时白车身在初始位置驱动力矩为零。从图 2.8 可以看出,各主动关节的驱动电机力矩变化曲线与根据机构运动学和动力学方程分析的结果类似。表 2.3 为混联机构在理想情况下各主动关节驱动电机力矩的最大值和最小值,可用于后续试验系统样机设计。

表 2.3　理想情况下各主动关节驱动电机力矩

	滑块 1 驱动电机力矩(N·m)	滑块 2 驱动电机力矩(N·m)	主动轮 1 驱动电机力矩(N·m)
最大值	-0.447 3	0.447 3	-0.407 2
最小值	-0.119 4	0.119 4	0

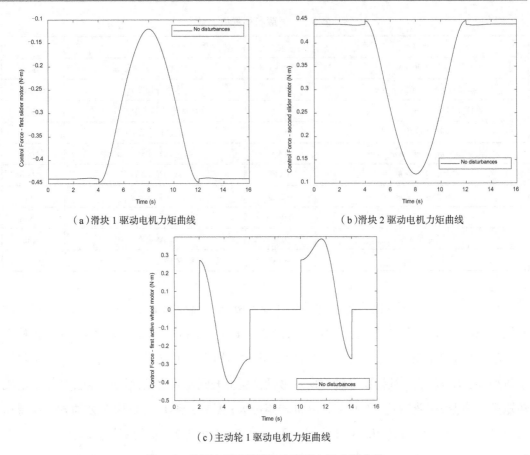

（a）滑块 1 驱动电机力矩曲线　　　　　　　　　　（b）滑块 2 驱动电机力矩曲线

（c）主动轮 1 驱动电机力矩曲线

图 2.8　理想情况下混联机构驱动电机力矩曲线

　　考虑建模误差、摩擦力和外部扰动情况时，上述不确定性因素分别按如下数值仿真：建模误差为标称模型的 10%；摩擦力中的 $\boldsymbol{B}_{\mathrm{c}}$ 和 $\boldsymbol{F}_{\mathrm{c}}$ 分别为 $\boldsymbol{B}_{\mathrm{c}}=\mathrm{diag}(1.5,1.5,1.5,1.5,2,2)$，$\boldsymbol{F}_{\mathrm{c}}=\mathrm{diag}(2,2,2,2,3,3)$；混联机构受到的随机外部扰动为 $\tau_z = 100\sin(\pi t + \dfrac{\pi}{2})$，$\tau_\beta = 100\sin(\pi t + \dfrac{\pi}{2})$。

　　在实际情况下，混联机构各主动关节对应的驱动力矩曲线如图 2.9 所示。表 2.4 为混联机构在实际情况下各主动关节驱动电机力矩的最大值和最小值。对比图 2.8 和图 2.9，由于模型误差、机构摩擦力和外部扰动等的影响，各主动关节驱动电机力矩变化明显，主动轮 1 驱动电机的最大力矩由 −0.407 2 N·m 增加到 2.085 N·m，实际情况下主动轮 1 驱动电机的力矩是理想情况下的 5 倍左右。因此，为了克服扰动对混联机构的影响，必须开展混联机构抗扰动控制方法研究，提高混联机构控制性能。

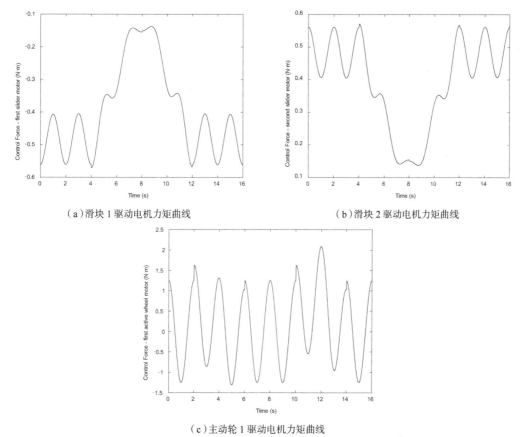

（a）滑块 1 驱动电机力矩曲线　　　　　　　　　（b）滑块 2 驱动电机力矩曲线

（c）主动轮 1 驱动电机力矩曲线

图 2.9　实际情况下混联机构驱动电机力矩曲线

表 2.4　实际情况下各主动关节驱动电机力矩

	滑块 1 驱动电机力矩（N·m）	滑块 2 驱动电机力矩（N·m）	主动轮 1 驱动电机力矩（N·m）
最大值	−0.567 1	0.567 1	2.085
最小值	−0.137 6	0.137 6	0

2.5　本章小结

　　运动学、动力学分析是实现混联机构高性能控制的基础。本章首先分析了混联机构的特性；其次对机构的运动学正解和反解问题进行了求解，根据运动学反解结果得到了雅克比矩阵，并进行了运动学仿真分析；再次采用拉格朗日法对混联机构进行了动力学建模，构建了尽可能准确和简洁的任务空间动力学模型和关节空间动力学模型；最后根据工艺要求对设定的白车身运动轨迹进行了动力学模型仿真，为后续动力学控制提供了条件。

第 3 章　结合非线性扰动观测器的不确定混联机构鲁棒滑模控制

3.1　引言

混联机构是一个多输入、多输出、强耦合、不确定的非线性系统,存在机构物理量、负载变化、摩擦力、高频未建模状态、外部干扰、测量误差等不确定性。这些不确定性会影响混联机构的轨迹跟踪性能,甚至会影响系统的稳定性。为了有效抑制系统中的不确定性,国内外学者提出了 PID 控制、计算力矩控制、鲁棒控制、自适应控制、智能控制、滑模控制、Backstepping 控制等方法。滑模控制由于结构简单、对参数变化和外部扰动不敏感,作为克服扰动和不确定性的强有力工具,已广泛应用于串联机构、并联机构和混联机构的控制[106]。然而,当混联机构中存在的不确定性较大时,过大的切换增益易使系统产生抖振,导致系统性能恶化,甚至会损坏混联机构以及驱动器,因此必须消弱滑模控制引起的抖振问题,提高系统的性能。

近年来,非线性扰动观测器已成为研究热点,基于非线性扰动观测器的控制方法已在多个领域得到应用,如机器人[162]、永磁同步电机[163]、船舶[164]、导弹[165]、超声速飞行器[166]、无人机[167]、飞行模拟器[168] 以及不确定非线性系统[169]。Chen 等针对二自由度串联机械手提出了一种非线性扰动观测器,可显著改善系统的性能[154]。肖松等将非线性扰动观测器用于飞行仿真平台控制,提高了系统性能[168]。基于非线性扰动观测器的滑模控制方法可有效消弱滑模控制抖振,已在串联机器人、并联机器人及一般系统中得到应用,该方法中非线性扰动观测器估计系统的集总扰动并前馈补偿,滑模控制器的切换增益只需要大于扰动估计误差上界,从而减小切换增益,其不仅有效消弱了滑模控制抖振,还提高了系统的控制性能。Chen 等后来对非线性扰动观测器进行了扩展,用于一类不确定性非线性系统,有效消弱了滑模控制抖振,取得了较好的控制效果[169]。

本章针对混联机构中存在较大不确定性时,过大的切换增益易使滑模控制产生抖振,从而导致系统性能下降,提出了一种结合非线性扰动观测器的鲁棒滑模控制方法,来提高混联机构的鲁棒性和轨迹跟踪精度。将混联机构运动过程中存在的不确定性作为集总扰动,设计非线性扰动观测器估计集总扰动;根据混联机构的标称动力学模型设计滑模控制器,并将扰动估计值前馈补偿,使滑模控制器只需选取较小的切换增益,消弱了滑模控制抖振,提高了系统鲁棒性。需要指出的是,本章针对混联机构提出的非线性扰动观测器放宽了集总扰动缓慢变化的限制,使所设计的非线性扰动观测器更符合实际工程应用。

3.2　滑模控制器设计

滑模控制是变结构控制系统的一种控制策略,其本质上是一类特殊的非线性控制,其主要特性是控制的不连续性和系统的“结构”不固定[115]。该特性可迫使系统沿滑模面做“滑模”运动,系统的性能由与滑动模态相关转变为与被控对象参数和扰动无关,从而使处于滑模运动的系统具有较好的鲁棒性。

考虑一个典型非线性系统:

$$\dot{x} = f(x, u, t), \quad x \in \mathbb{R}^n, u \in \mathbb{R}^m, t \in \mathbb{R} \tag{3.1}$$

假设系统的状态空间中有一个超曲面 $s(x,t) = s(x_1, x_2, \cdots, x_n, t) = 0$,它将状态空间分成 $s > 0$ 和 $s < 0$ 两部分,如图 3.1 所示。

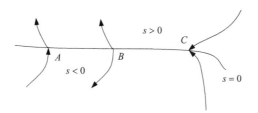

图 3.1　滑模面上三种点的特性

滑模控制器为

$$u = \begin{cases} u^+(x,t), s(x) > 0 \\ u^-(x,t), s(x) < 0 \end{cases} \tag{3.2}$$

式中:$u^+(x,t)$、$u^-(x,t)$ 是连续的状态函数,且 $u^+(x,t) \neq u^-(x,t)$;$s(x) = 0$ 为滑模面。

滑模控制必须满足以下 3 个条件[115]:

(1)滑动模态存在,即式(3.2)成立;

(2)满足可达性条件,在滑模面 $s(x) = 0$ 以外的运动点都将在有限时间内到达滑模面;

(3)保证滑模运动的稳定性。

文献 [130] 给出了滑动模态存在的充分条件为

$$\begin{cases} \lim_{x \to 0^+} \dot{s} \leq 0 \\ \lim_{x \to 0^-} \dot{s} \geq 0 \end{cases} \qquad (3.3)$$

也可表示为

$$s\dot{s} < 0 \qquad (3.4)$$

式（3.4）为可达条件，该条件保证在滑模面以外的运动点都将在有限时间内到达滑模面，也称为渐近到达条件。为保证在有限时间内到达，一个更严格的条件为

$$s\dot{s} < -\eta|s| \qquad (3.5)$$

式中：$\eta > 0$。

设混联机构主动关节的设定位姿为 $\boldsymbol{q}_d(t) = \left[l_{1d}, l_{2d}, l_{3d}, l_{4d}, \phi_{1d}, \phi_{2d}\right]^T$，当前位姿为 $\boldsymbol{q}(t) = \left[l_1, l_2, l_3, l_4, \phi_1, \phi_2\right]^T$，$\boldsymbol{e}(t)$ 和 $\dot{\boldsymbol{e}}(t)$ 分别为关节空间轨迹跟踪位置误差和速度误差，则有

$$\begin{cases} \boldsymbol{e}(t) = \boldsymbol{q}_d(t) - \boldsymbol{q}(t) \\ \dot{\boldsymbol{e}}(t) = \dot{\boldsymbol{q}}_d(t) - \dot{\boldsymbol{q}}(t) \end{cases} \qquad (3.6)$$

关节空间位置加速度误差为

$$\ddot{\boldsymbol{e}}(t) = \ddot{\boldsymbol{q}}_d(t) - \ddot{\boldsymbol{q}}(t) \qquad (3.7)$$

取滑模面为

$$\boldsymbol{s} = \dot{\boldsymbol{e}}(t) + \boldsymbol{B}\boldsymbol{e}(t) \qquad (3.8)$$

式中：$\boldsymbol{B} = \mathrm{diag}(b_1, b_2, b_3, b_4, b_5, b_6)$，其中参数 $b_1, b_2, b_3, b_4, b_5, b_6$ 满足 Hurwitz 条件。

对滑模面式（3.8）求导，可得

$$\dot{\boldsymbol{s}} = \ddot{\boldsymbol{e}}(t) + \boldsymbol{B}\dot{\boldsymbol{e}}(t) = \ddot{\boldsymbol{q}}_d(t) - \ddot{\boldsymbol{q}}(t) + \boldsymbol{B}\dot{\boldsymbol{e}}(t) \qquad (3.9)$$

由式（2.54），可得

$$\dot{\boldsymbol{s}} = \ddot{\boldsymbol{q}}_d(t) + \boldsymbol{B}\dot{\boldsymbol{e}}(t) - \hat{\boldsymbol{M}}(q)^{-1}[\boldsymbol{\tau} + \boldsymbol{\tau}_d - \hat{\boldsymbol{C}}(q,\dot{q})\dot{q} - \hat{\boldsymbol{G}}(q)] \qquad (3.10)$$

典型的滑模趋近律有等速趋近律、指数趋近律、幂次趋近律和一般趋近律。本书选择相对较简单且易于实现的等速趋近律，则有

$$\dot{\boldsymbol{s}} = -\boldsymbol{K} \, \mathrm{sgn}(\boldsymbol{s}) \qquad (3.11)$$

式中：$\boldsymbol{K} = \mathrm{diag}(K_1, K_2, \cdots, K_6)$，$K_i > 0 \ (i = 1, 2, \cdots, 6)$。

结合式（3.10）和式（3.11），可得

$$\ddot{\boldsymbol{q}}_d(t) + \boldsymbol{B}\dot{\boldsymbol{e}}(t) - \hat{\boldsymbol{M}}(q)^{-1}[\boldsymbol{\tau} + \boldsymbol{\tau}_d - \hat{\boldsymbol{C}}(q,\dot{q})\dot{q} - \hat{\boldsymbol{G}}(q)] = -\boldsymbol{K} \, \mathrm{sgn}(\boldsymbol{s}) \qquad (3.12)$$

则由式（3.12）可得滑模控制律为

$$\boldsymbol{\tau} = \hat{\boldsymbol{M}}(q)\ddot{\boldsymbol{q}}_d(t) + \hat{\boldsymbol{M}}(q)\boldsymbol{B}\dot{\boldsymbol{e}}(t) + \hat{\boldsymbol{C}}(q,\dot{q})\dot{q} + \hat{\boldsymbol{G}}(q) + \boldsymbol{K} \, \mathrm{sgn}(\boldsymbol{s}) \qquad (3.13)$$

3.3　非线性扰动观测器设计

假设混联机构各主动关节的加速度信号存在,根据混联机构关节空间动力学模型式(2.54),可得非线性扰动观测器为 [162]

$$\dot{\hat{\boldsymbol{\tau}}}_d = -\boldsymbol{L}\hat{\boldsymbol{\tau}}_d + \boldsymbol{L}[\hat{\boldsymbol{M}}(\boldsymbol{q})\ddot{\boldsymbol{q}} + \hat{\boldsymbol{C}}(\boldsymbol{q},\dot{\boldsymbol{q}})\dot{\boldsymbol{q}} + \hat{\boldsymbol{G}}(\boldsymbol{q}) - \boldsymbol{\tau}] \tag{3.14}$$

式中: $\boldsymbol{L}$ 为观测器的增益矩阵; $\hat{\boldsymbol{\tau}}_d$ 为集总扰动 $\boldsymbol{\tau}_d$ 的估计值。

定义扰动估计误差为

$$\Delta\boldsymbol{\tau}_d = \boldsymbol{\tau}_d - \hat{\boldsymbol{\tau}}_d \tag{3.15}$$

根据式(2.54),可得

$$\dot{\hat{\boldsymbol{\tau}}}_d = \boldsymbol{L}(\boldsymbol{q},\dot{\boldsymbol{q}})\Delta\boldsymbol{\tau}_d \text{ 或 } \Delta\dot{\boldsymbol{\tau}}_d = \dot{\boldsymbol{\tau}}_d - \boldsymbol{L}(\boldsymbol{q},\dot{\boldsymbol{q}})\Delta\boldsymbol{\tau}_d \tag{3.16}$$

由式(3.14)可知,要估计扰动,需要知道各主动关节的加速度。由于混联机构各主动关节没有安装加速度传感器,无法直接测量得到加速度信号;同时由于微分会加大测量噪声,对各主动关节速度进行微分,很难获得准确的加速度信号 [162]。因此,需要改进非线性扰动观测器式(3.14),引入辅助变量 z ,将 z 定义为

$$z = \hat{\boldsymbol{\tau}}_d - \boldsymbol{p}(\boldsymbol{q},\dot{\boldsymbol{q}}) \tag{3.17}$$

式中: $\boldsymbol{p}(\boldsymbol{q},\dot{\boldsymbol{q}})$ 为待设计的变量,由增益矩阵 $\boldsymbol{L}(\boldsymbol{q},\dot{\boldsymbol{q}})$ 决定,有

$$\frac{\mathrm{d}}{\mathrm{d}t}\boldsymbol{p}(\boldsymbol{q},\dot{\boldsymbol{q}}) = \boldsymbol{L}(\boldsymbol{q},\dot{\boldsymbol{q}})\hat{\boldsymbol{M}}(\boldsymbol{q})\ddot{\boldsymbol{q}} \tag{3.18}$$

根据式(2.54)、式(3.14)和式(3.18),对式(3.17)求导,可得

$$\dot{z} = \dot{\hat{\boldsymbol{\tau}}}_d - \dot{\boldsymbol{p}}(\boldsymbol{q},\dot{\boldsymbol{q}}) = \dot{\hat{\boldsymbol{\tau}}}_d - \boldsymbol{L}(\boldsymbol{q},\dot{\boldsymbol{q}})\hat{\boldsymbol{M}}(\boldsymbol{q})\ddot{\boldsymbol{q}} \tag{3.19}$$

把式(3.14)和式(3.17)代入式(3.19),可得

$$\begin{aligned}\dot{z} &= -\boldsymbol{L}[z + \boldsymbol{p}(\boldsymbol{q},\dot{\boldsymbol{q}})] + \boldsymbol{L}[\hat{\boldsymbol{M}}(\boldsymbol{q})\ddot{\boldsymbol{q}} + \hat{\boldsymbol{C}}(\boldsymbol{q},\dot{\boldsymbol{q}})\dot{\boldsymbol{q}} + \hat{\boldsymbol{G}}(\boldsymbol{q}) - \boldsymbol{\tau} - \hat{\boldsymbol{M}}(\boldsymbol{q})\ddot{\boldsymbol{q}}] \\ &= -\boldsymbol{L}z + \boldsymbol{L}[\hat{\boldsymbol{C}}(\boldsymbol{q},\dot{\boldsymbol{q}})\dot{\boldsymbol{q}} + \hat{\boldsymbol{G}}(\boldsymbol{q}) - \boldsymbol{\tau} - \boldsymbol{p}(\boldsymbol{q},\dot{\boldsymbol{q}})] \end{aligned} \tag{3.20}$$

从式(3.20)可得到,修改后的非线性扰动观测器不需要主动关节加速度信号,则可得到修改后的非线性扰动观测器为

$$\begin{cases} \dot{z} = -\boldsymbol{L}z + \boldsymbol{L}[\hat{\boldsymbol{C}}(\boldsymbol{q},\dot{\boldsymbol{q}})\dot{\boldsymbol{q}} + \hat{\boldsymbol{G}}(\boldsymbol{q}) - \boldsymbol{\tau} - \boldsymbol{p}(\boldsymbol{q},\dot{\boldsymbol{q}})] \\ \hat{\boldsymbol{\tau}}_d = z + \boldsymbol{p}(\boldsymbol{q},\dot{\boldsymbol{q}}) \end{cases} \tag{3.21}$$

根据式(3.21),修改后的非线性扰动观测器误差为

$$\begin{aligned}\Delta\dot{\boldsymbol{\tau}}_d &= \dot{\boldsymbol{\tau}}_d - \dot{\hat{\boldsymbol{\tau}}}_d = \dot{\boldsymbol{\tau}}_d - \dot{z} - \frac{\mathrm{d}}{\mathrm{d}t}\boldsymbol{p}(\boldsymbol{q},\dot{\boldsymbol{q}}) \\ &= \dot{\boldsymbol{\tau}}_d + \boldsymbol{L}[\hat{\boldsymbol{\tau}}_d - \boldsymbol{p}(\boldsymbol{q},\dot{\boldsymbol{q}})] - \boldsymbol{L}[-\hat{\boldsymbol{M}}(\boldsymbol{q})\ddot{\boldsymbol{q}} + \boldsymbol{\tau}_d - \boldsymbol{p}(\boldsymbol{q},\dot{\boldsymbol{q}})] - \boldsymbol{L}\hat{\boldsymbol{M}}(\boldsymbol{q})\ddot{\boldsymbol{q}} \\ &= \dot{\boldsymbol{\tau}}_d - \boldsymbol{L}(\boldsymbol{\tau}_d - \hat{\boldsymbol{\tau}}_d) \end{aligned} \tag{3.22}$$

即

$$\Delta \dot{\boldsymbol{\tau}}_{\mathrm{d}} = \dot{\boldsymbol{\tau}}_{\mathrm{d}} - \boldsymbol{L}\Delta \boldsymbol{\tau}_{\mathrm{d}}$$

从式(3.22)可看出,修改后的非线性扰动观测器误差变化率和修改前的式(3.16)一样。

如何确定 $\boldsymbol{L}(\boldsymbol{q},\dot{\boldsymbol{q}})$ 和 $\boldsymbol{p}(\boldsymbol{q},\dot{\boldsymbol{q}})$ 是非线性扰动观测器设计的关键,根据混联机构的特性,选择非线性扰动观测器 $\boldsymbol{L}(\boldsymbol{q},\dot{\boldsymbol{q}})$ 为 [159]

$$\boldsymbol{L}(\boldsymbol{q},\dot{\boldsymbol{q}}) = \boldsymbol{Y}\hat{\boldsymbol{M}}^{-1}(\boldsymbol{q}) \tag{3.23}$$

式中: $\boldsymbol{Y}$ 为需要设计的矩阵,一般为定值矩阵。

根据式(3.18)和式(3.23),将 $\boldsymbol{p}(\boldsymbol{q},\dot{\boldsymbol{q}})$ 定义为

$$\boldsymbol{p}(\boldsymbol{q},\dot{\boldsymbol{q}}) = \boldsymbol{Y}\dot{\boldsymbol{q}} \tag{3.24}$$

假设混联机构的集总扰动是缓慢变化的,即 $\dot{\boldsymbol{\tau}}_{\mathrm{d}} = 0$,则式(3.22)变换为

$$\Delta \dot{\boldsymbol{\tau}}_{\mathrm{d}} + \boldsymbol{L}\Delta \boldsymbol{\tau}_{\mathrm{d}} = 0 \tag{3.25}$$

因此,只要选择合适的非线性扰动观测器增益 $\boldsymbol{L}(\boldsymbol{q},\dot{\boldsymbol{q}})$,即可使扰动估计误差渐近收敛于零,观测器渐近稳定。由于上述假设集总扰动是缓慢变化的,然而混联机构在运行中受到的一部分扰动不是缓慢变化的,因此这里将拓宽对集总扰动变化率的限制。

定理 3.1 假设集总扰动的变化率满足 $\|\dot{\boldsymbol{\tau}}_{\mathrm{d}}\| \le \beta$(β 为大于零的正数),则非线性扰动观测器式(3.21)的估计误差指数收敛。

证明 对式(3.25)求解微分方程得到

$$\Delta \boldsymbol{\tau}_{\mathrm{d}}(t) = [\Delta \boldsymbol{\tau}_{\mathrm{d}1}(t), \Delta \boldsymbol{\tau}_{\mathrm{d}2}(t), \Delta \boldsymbol{\tau}_{\mathrm{d}3}(t), \Delta \boldsymbol{\tau}_{\mathrm{d}4}(t), \Delta \boldsymbol{\tau}_{\mathrm{d}5}(t), \Delta \boldsymbol{\tau}_{\mathrm{d}6}(t)]^{\mathrm{T}} \tag{3.26}$$

其中

$$\Delta \boldsymbol{\tau}_{\mathrm{d}i}(t) = \Delta \boldsymbol{\tau}_{\mathrm{d}i}(0)\mathrm{e}^{-L_i t} + \mathrm{e}^{-L_i t}\int \dot{\boldsymbol{\tau}}_{\mathrm{d}i}(t)\mathrm{e}^{L_i t}\,\mathrm{d}t \quad (i=1,2,\cdots,6) \tag{3.27}$$

根据假设 $\|\dot{\boldsymbol{\tau}}_{\mathrm{d}}\| \le \beta$,当 $\dot{\boldsymbol{\tau}}_{\mathrm{d}i} > 0$ 且 $\dot{\boldsymbol{\tau}}_{\mathrm{d}i} \le \beta$ 时,则有

$$\Delta \boldsymbol{\tau}_{\mathrm{d}i}(t) \le \Delta \boldsymbol{\tau}_{\mathrm{d}i}(0)\mathrm{e}^{-L_i t} + \mathrm{e}^{-L_i t}\int \beta \mathrm{e}^{L_i t}\,\mathrm{d}t = \left(\Delta \boldsymbol{\tau}_{\mathrm{d}i}(0) - \frac{\beta}{L_i}\right)\mathrm{e}^{-L_i t} + \frac{\beta}{L_i} \tag{3.28}$$

则非线性扰动观测器估计误差收敛上限为

$$\lim_{t\to+\infty} \Delta \boldsymbol{\tau}_{\mathrm{d}i}(t) \le \frac{\beta}{L_i} \tag{3.29}$$

当 $\dot{\boldsymbol{\tau}}_{\mathrm{d}i} < 0$ 且 $\dot{\boldsymbol{\tau}}_{\mathrm{d}i} \ge -\beta$ 时,非线性扰动观测器估计误差收敛下限为

$$\lim_{t\to+\infty} \Delta \boldsymbol{\tau}_{\mathrm{d}i}(t) \ge -\frac{\beta}{L_i} \tag{3.30}$$

根据式(3.29)和式(3.30),选择合适的非线性扰动观测器增益 $\boldsymbol{L}(\boldsymbol{q},\dot{\boldsymbol{q}})$,则非线性扰动观测器估计误差足够小且指数收敛,即 $\lim_{t\to+\infty}|\Delta \boldsymbol{\tau}_{\mathrm{d}}(t)| \le \max\frac{\beta}{L_i}\ (i=1,2,\cdots,6)$。

3.4　结合非线性扰动观测器的鲁棒滑模控制器设计

本节采用基于非线性扰动观测器的控制策略,设计结合非线性扰动观测器的混联机构鲁棒滑模控制器(NDO-SMC),把非线性扰动观测器式(3.21)和滑模控制器式(3.13)相结合,利用非线性扰动观测器来估计混联机构中的集总扰动,然后在滑模控制律中进行前馈补偿。该控制器结构图如图 3.2 所示。

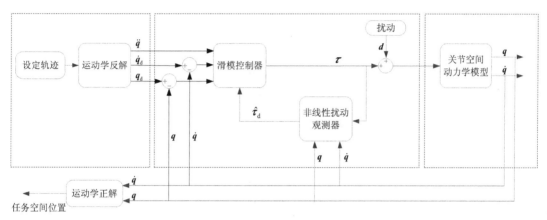

图 3.2　结合非线性扰动观测器的鲁棒滑模控制器结构图

由式(3.13)和式(3.21)可得结合非线性扰动观测器的鲁棒滑模控制律为

$$\boldsymbol{\tau} = \hat{\boldsymbol{M}}(\boldsymbol{q})\ddot{\boldsymbol{q}}_{\mathrm{d}}(t) + \hat{\boldsymbol{M}}(\boldsymbol{q})\boldsymbol{B}\dot{\boldsymbol{e}}(t) + \hat{\boldsymbol{C}}(\boldsymbol{q},\dot{\boldsymbol{q}})\dot{\boldsymbol{q}} + \hat{\boldsymbol{G}}(\boldsymbol{q}) + \boldsymbol{K}\,\mathrm{sgn}(\boldsymbol{s}) - \hat{\boldsymbol{\tau}}_{\mathrm{d}} \tag{3.31}$$

定理 3.2　假设非线性扰动观测器误差有界,对于混联机构式(2.54),如采用结合非线性扰动观测器的鲁棒滑模控制式(3.31),可保证系统渐近稳定。

证明　取 Lyapunov 函数为

$$V = \frac{1}{2}\boldsymbol{s}^{\mathrm{T}}\hat{\boldsymbol{M}}\boldsymbol{s} \tag{3.32}$$

对式(3.32)两边求导,可得

$$
\begin{aligned}
\dot{V} &= \boldsymbol{s}^{\mathrm{T}}\hat{\boldsymbol{M}}\dot{\boldsymbol{s}} + \frac{1}{2}\boldsymbol{s}^{\mathrm{T}}\dot{\hat{\boldsymbol{M}}}\boldsymbol{s} \\
&= \boldsymbol{s}^{\mathrm{T}}(\hat{\boldsymbol{M}}\dot{\boldsymbol{s}} + \hat{\boldsymbol{C}}\boldsymbol{s}) \\
&= \boldsymbol{s}^{\mathrm{T}}[\hat{\boldsymbol{C}}\boldsymbol{s} + \hat{\boldsymbol{M}}(\ddot{\boldsymbol{e}} + \boldsymbol{B}\dot{\boldsymbol{e}})] \\
&= \boldsymbol{s}^{\mathrm{T}}[\hat{\boldsymbol{C}}\boldsymbol{s} + \hat{\boldsymbol{M}}(\ddot{\boldsymbol{q}}_{\mathrm{d}} - \ddot{\boldsymbol{q}}) + \hat{\boldsymbol{M}}\boldsymbol{B}\dot{\boldsymbol{e}}] \\
&= \boldsymbol{s}^{\mathrm{T}}[\hat{\boldsymbol{C}}\dot{\boldsymbol{e}} + \hat{\boldsymbol{C}}\boldsymbol{B}\boldsymbol{e} + \hat{\boldsymbol{M}}\ddot{\boldsymbol{q}}_{\mathrm{d}} - (\boldsymbol{\tau} + \boldsymbol{\tau}_{\mathrm{d}} - \hat{\boldsymbol{C}}\dot{\boldsymbol{q}} - \hat{\boldsymbol{G}}) + \hat{\boldsymbol{M}}\boldsymbol{B}\dot{\boldsymbol{e}}] \\
&= \boldsymbol{s}^{\mathrm{T}}[\hat{\boldsymbol{C}}\dot{\boldsymbol{q}}_{\mathrm{d}} + \hat{\boldsymbol{C}}\boldsymbol{B}\boldsymbol{e} + \hat{\boldsymbol{M}}\ddot{\boldsymbol{q}}_{\mathrm{d}} + \hat{\boldsymbol{G}} - \boldsymbol{\tau} - \boldsymbol{\tau}_{\mathrm{d}} + \hat{\boldsymbol{M}}\boldsymbol{B}\dot{\boldsymbol{e}}] \\
&= \boldsymbol{s}^{\mathrm{T}}[\hat{\boldsymbol{C}}\dot{\boldsymbol{q}}_{\mathrm{d}} + \hat{\boldsymbol{M}}\ddot{\boldsymbol{q}}_{\mathrm{d}} + \hat{\boldsymbol{G}} - \boldsymbol{\tau} - \boldsymbol{\tau}_{\mathrm{d}} + \hat{\boldsymbol{M}}\boldsymbol{B}\dot{\boldsymbol{e}}]
\end{aligned}
\tag{3.33}
$$

由式（3.31），可得

$$\dot{V} = s^{\mathrm{T}}[\hat{\boldsymbol{\tau}}_{\mathrm{d}} - \boldsymbol{\tau}_{\mathrm{d}} - \boldsymbol{K}\,\mathrm{sgn}(s)]$$
$$= -s^{\mathrm{T}}\boldsymbol{K}\,\mathrm{sgn}(s) - s^{\mathrm{T}}\Delta\boldsymbol{\tau}_{\mathrm{d}}$$
$$= -s^{\mathrm{T}}\big(\boldsymbol{K}\,\mathrm{sgn}(s) + \Delta\boldsymbol{\tau}_{\mathrm{d}}\big) \tag{3.34}$$

由定理 3.1 可知，由于 $\lim\limits_{t\to+\infty}\left|\Delta\boldsymbol{\tau}_{\mathrm{d}}(t)\right| \leqslant \max\dfrac{\beta}{L_i}(i=1,2,\cdots,6)$，只要选择合适的参数使 $K_i\mathrm{sgn}(s_i) > \dfrac{\beta}{L_i}$，可保证闭环系统渐近稳定。

3.5　仿真分析

为验证所设计控制方法的有效性，以汽车电泳涂装输送用混联机构样机为被控对象进行仿真，分别选用计算力矩控制（CTC）、无非线性扰动观测器的滑模控制（SMC）和结合非线性扰动观测器的鲁棒滑模控制（NDO-SMC）三种控制方法进行对比，样机参数见表 2.2。仿真时，考虑混联机构受到模型误差、机构摩擦力、随机外部扰动等不确定性因素影响，设建模误差为标称模型的 10%，摩擦力中的 $\boldsymbol{B}_{\mathrm{c}}$ 和 $\boldsymbol{F}_{\mathrm{c}}$ 分别为

$$\begin{cases} \boldsymbol{B}_{\mathrm{c}}=\mathrm{diag}(1.5,1.5,1.5,1.5,2,2) \\ \boldsymbol{F}_{\mathrm{c}}=\mathrm{diag}(2,2,2,2,3,3) \end{cases} \tag{3.35}$$

随机外部扰动为

$$\tau_z = 100\sin(\pi t + \frac{\pi}{2}),\ \tau_\beta = 100\sin(\pi t + \frac{\pi}{2}) \tag{3.36}$$

仿真选用的期望轨迹为式（2.7），三种控制方法的参数根据仿真结果进行选取，具体如下。

CTC：$\boldsymbol{K}_P = \mathrm{diag}(300,300,300,300,300,300)$，$\boldsymbol{K}_D = \mathrm{diag}(50,50,50,50,50,50)$。

SMC：$\boldsymbol{B} = \mathrm{diag}(15,15,15,15,10,10)$，$\boldsymbol{K} = \mathrm{diag}(30,30,30,30,60,60)$。

NDO-SMC：$Y = 600I_6$，$\boldsymbol{B} = \mathrm{diag}(10,10,10,10,7,7)$，$\boldsymbol{K} = \mathrm{diag}(20,20,20,20,40,40)$。

混联机构任务空间轨迹跟踪曲线如图 3.3 所示，任务空间轨迹跟踪误差曲线如图 3.4 所示，各主动关节轨迹跟踪曲线如图 3.5 所示，各主动关节轨迹跟踪误差曲线如图 3.6 所示。由于混联机构的对称特性，这里仅给出滑块 1、滑块 2、主动轮 1 的轨迹跟踪仿真结果，本书后面的仿真和试验结果类似。

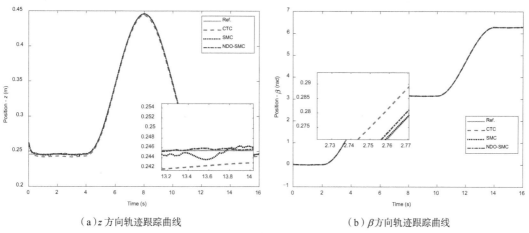

（a）z 方向轨迹跟踪曲线　　　　　　　（b）β 方向轨迹跟踪曲线

图 3.3　混联机构任务空间轨迹跟踪曲线

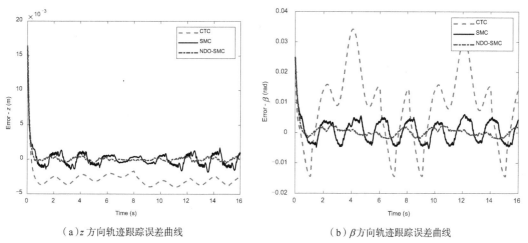

（a）z 方向轨迹跟踪误差曲线　　　　　　（b）β 方向轨迹跟踪误差曲线

图 3.4　混联机构任务空间轨迹跟踪误差曲线

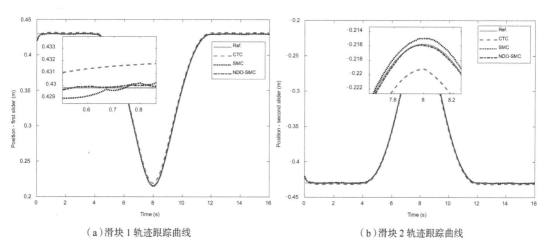

（a）滑块 1 轨迹跟踪曲线　　　　　　　（b）滑块 2 轨迹跟踪曲线

图 3.5　混联机构各主动关节轨迹跟踪曲线

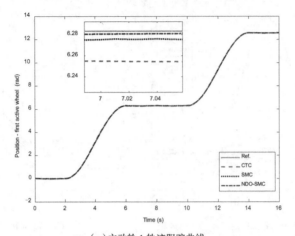

（c）主动轮 1 轨迹跟踪曲线

图 3.5　混联机构各主动关节轨迹跟踪曲线（续）

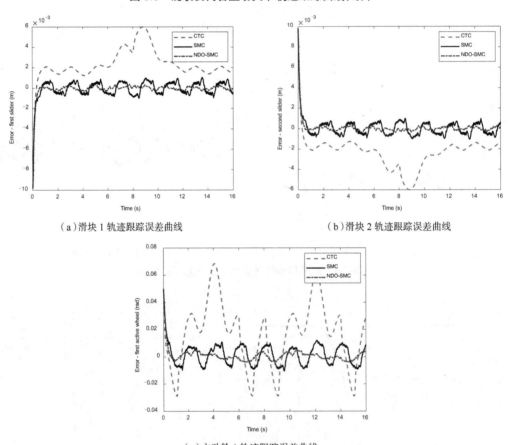

（a）滑块 1 轨迹跟踪误差曲线　　　　　　　　　（b）滑块 2 轨迹跟踪误差曲线

（c）主动轮 1 轨迹跟踪误差曲线

图 3.6　混联机构各主动关节轨迹跟踪误差曲线

　　表 3.1 为混联机构主动关节在三种控制方法作用下最大稳态误差和均方根误差。各主动关节轨迹跟踪均方根误差（RMSE）为

$$RMSE = \sqrt{\frac{1}{N}\sum_{j=1}^{N} e_i^2(j)} \qquad (3.37)$$

式中：$e_i(j)(i=1,2,\cdots,6)$ 分别为主动关节 i 在每个采样点的轨迹跟踪误差。

表 3.1　混联机构各主动关节最大稳态误差和均方根误差

控制方法	最大稳态误差			均方根误差		
	CTC	SMC	NDO-SMC	CTC	SMC	NDO-SMC
滑块 1（m）	6.02×10^{-3}	2.6×10^{-3}	0.3×10^{-3}	0.002 8	9.1×10^{-4}	9×10^{-4}
滑块 2（m）	6.02×10^{-3}	2.6×10^{-3}	0.3×10^{-3}	0.002 8	9.1×10^{-4}	9×10^{-4}
主动轮 1（rad）	0.068 4	0.025 1	0.004 4	0.028 9	0.001 1	0.005 4

从图 3.3 至 3.6 和表 3.1 可以得出，当混联机构中存在机构物理量、负载变化、摩擦力、高频未建模状态、外部干扰等不确定性时，三种控制方法都能跟踪上给定的期望轨迹，其中计算力矩控制（CTC）的轨迹跟踪误差最大，滑模控制（SMC）次之，鲁棒滑模控制（NDO-SMC）最小。由于非线性扰动观测器的前馈补偿，与其他两种控制方法相比，本章所提出的结合非线性扰动观测器的鲁棒滑模控制方法在任务空间和关节空间内具有最小的轨迹跟踪误差，较好地解决了滑模控制抖振问题，具有较优的轨迹跟踪性能。

图 3.7 所示为本章所提出的非线性扰动观测器对混联机构集总扰动的估计曲线。从图 3.7 可以得到，本章提出的非线性扰动观测器能很好地跟踪各主动关节所受到的集总扰动。图 3.8 所示为混联机构在 SMC 和 NDO-SMC 两种控制方法下主动关节所需的控制力。从图 3.8 可以得到，NDO-SMC 所需的控制力较小且较平滑，而 SMC 所需的控制力抖振现象较严重。这是由于在 SMC 中为了提高鲁棒性和轨迹跟踪精度，选取了较大的切换增益，从而导致抖振问题严重；而本章所提出的 NDO-SMC 方法，由于非线性扰动观测器能较好地估计系统所受到的集总扰动并前馈补偿，切换增益只需大于扰动估计误差的上界，因此所需的切换增益较小，从而较好地消弱了滑模控制抖振。

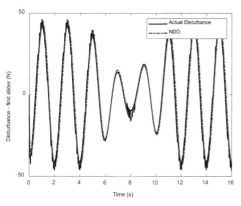

（a）滑块 1 扰动估计曲线

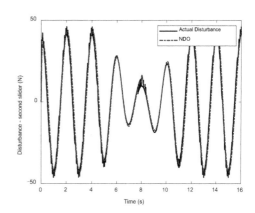

（b）滑块 2 扰动估计曲线

图 3.7　混联机构主动关节扰动估计曲线

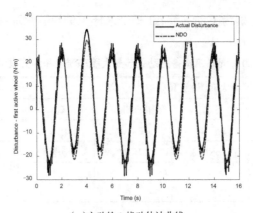

（c）主动轮 1 扰动估计曲线

图 3.7　混联机构主动关节扰动估计曲线（续）

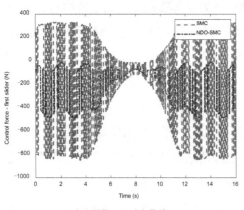

（a）滑块 1 驱动力曲线

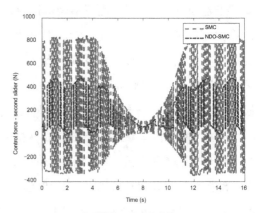

（b）滑块 2 驱动力曲线

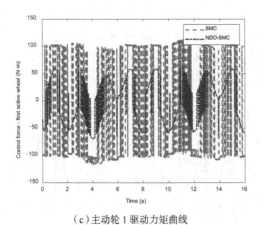

（c）主动轮 1 驱动力矩曲线

图 3.8　混联机构主动关节驱动力矩曲线

3.6　本章小结

　　本章考虑了在模型误差、机构摩擦力、随机外部扰动等不确定性因素影响下的混联机构轨迹跟踪控制问题,提出了一种结合非线性扰动观测器的鲁棒滑模控制方法,该方法能有效解决混联机构的不确定性问题,提高系统轨迹跟踪精度和鲁棒性,消弱滑模控制抖振。首先,将机构的不确定性和各种扰动作为集总扰动,设计了不受扰动缓慢变化限制的非线性扰动观测器;然后,设计了针对混联机构不确定性的滑模控制器,将扰动估计值前馈补偿,给出了该控制方法的稳定性证明;最后,仿真结果表明所提出的结合非线性扰动观测器的鲁棒滑模控制方法在轨迹跟踪精度、控制输入平滑性方面都要优于无非线性扰动观测器的滑模控制方法。

第 4 章　无须不确定性上界信息的不确定
混联机构自适应全局鲁棒滑模控制

4.1　引言

　　针对混联机构在不确定性因素影响下的轨迹跟踪控制问题,第 3 章提出了一种结合非线性扰动观测器的鲁棒滑模控制方法。仿真结果表明,该方法与无非线性扰动观测器的滑模控制方法相比,提高了控制精度,消弱了滑模控制抖振。但是,该方法中为了保证系统的鲁棒性,要求切换增益大于不确定性上界,然而在实际工程应用中准确的不确定性上界信息很难得到。此外,滑模控制对系统参数变化和外界干扰的鲁棒性只有在滑动模态发生后才能得到保证,然而在到达阶段对参数变化和外界干扰较敏感。

　　为了解决滑模控制中到达阶段的问题,采用积分滑模控制(ISMC)是一种较好的方法。ISMC 的基本思想是将控制分为连续标称控制和切换控制,标称控制对不包含扰动的标称系统负责,切换控制负责抑制扰动,在滑模面中引入误差的积分,使系统状态从一开始就沿滑模面出发而没有到达阶段的运动,全部都是滑动模态,系统的鲁棒性可以从初始时刻开始得到保证,同时还可以减小系统的稳态误差 [170]。因此, ISMC 引起了许多学者的兴趣,在多个领域得到了应用,如伺服系统、串联机器人、飞行器控制、不匹配扰动系统等 [171-175]。然而,ISMC 也存在一些问题:一是在实际工业应用中,参数不确定性和外部扰动等不确定性的上界信息很难得到,因此为了满足滑动模态的存在条件,一般会选择较大的切换增益,这会加剧滑模控制抖振问题,可能会导致执行器磨损和饱和问题;二是在滑模面中由于积分的作用会引起较大的超调量和振荡。为了减弱滑模控制抖振,一种方法是引入自适应控制技术;另一种方法是引入非线性扰动观测器,利用非线性扰动观测器估计扰动并前馈补偿 [173]。

　　为了进一步提高混联机构的跟踪性能和鲁棒性,本章提出了一种无须不确定性上界信息的不确定混联机构自适应全局鲁棒滑模控制方法(NDO-AISMC)。首先,根据混联机构动力学模型设计了积分滑模面,并设计了有限时间积分滑模控制器,以消除滑模控制的到达阶段,使混联机构系统在响应的全过程均具有鲁棒性。其次,由于在实际应用中无法得到混联机构不确定性的准确上界信息,为防止选择过于保守的切换增益,设计了根据滑模面偏离程度的自适应规则动态调整切换增益,避免了对不确定性上界信息的先验要求。最后,为了进一步消弱滑模控制抖振,提高系统鲁棒性,防止扰动较大时产生切换增益存在过度适应问题,引入非线性扰动观测器来估计系统集总扰动并前馈补偿。经过前馈补偿后,切换增益只需大于集总扰动估计误差的上界,大大消弱了滑模控制抖振,提高了系统的鲁棒性和跟踪性能。

4.2　模型描述

为了便于设计积分滑模控制器,将混联机构动力学模型式(2.54)转化为如下仿射非线性形式:

$$\dot{x} = f(x) + g(x)u + d \tag{4.1}$$

式中:$x = [x_1 \quad x_2]^T = [e \quad \dot{e}]^T$,其中 $x_1 \in \mathbb{R}^6$ 是混联机构在关节空间的轨迹跟踪误差向量,$x_2 \in \mathbb{R}^6$ 是混联机构在关节空间的轨迹跟踪误差速度向量;d 为系统扰动。

$f(x)$、$g(x)$、d 分别为

$$\begin{cases} f(x) = \begin{bmatrix} \dot{e} \\ \ddot{q}_d + \hat{M}^{-1}(q)[\hat{C}(q,\dot{q})\dot{q} + \hat{G}(q)] \end{bmatrix} \\ g(x) = \begin{bmatrix} \mathbf{0}_{6\times 6} \\ -\hat{M}^{-1}(q) \end{bmatrix} \\ d = \begin{bmatrix} \mathbf{0}_{6\times 6} \\ -\hat{M}^{-1}(q) \end{bmatrix} \boldsymbol{\tau}_d \end{cases} \tag{4.2}$$

4.3　积分滑模控制器设计和自适应积分滑模控制器设计

针对无法得到混联机构中模型误差、机构摩擦力、外部扰动等不确定性的准确上界信息问题,为了提高滑模到达阶段的动态性能,自适应积分滑模控制是一种有效的控制方法。由于很难获得集总扰动的准确上界信息,本节引入自适应控制技术设计自适应积分滑模控制器(AISMC),估计集总扰动上界,该控制器结构图如图 4.1 所示。

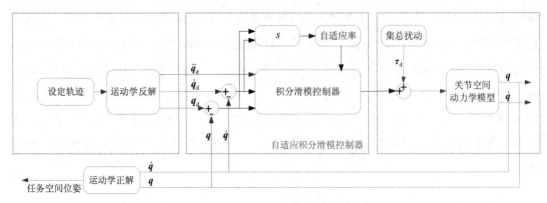

图 4.1　自适应积分滑模控制器结构图

4.3.1　积分滑模控制器设计

积分滑模控制器由标称控制器和切换控制器两部分组成,其控制律为

$$u = u_{nom} + u_{dis} \tag{4.3}$$

式中:u_{nom} 为标称控制器,负责保证标称系统的性能;u_{dis} 为切换控制器,负责保证系统状态处于滑动模态来消除不确定性。

标称系统是指没有包含集总扰动的系统,其形式如下:

$$\dot{x} = f(x) + g(x)u_{nom} \tag{4.4}$$

标称控制器采用计算力矩控制,其形式如下:

$$u_{nom} = \hat{M}(q)(\ddot{q}_d + K_p e + K_d \dot{e}) + \hat{C}(q,\dot{q})\dot{q} + \hat{G}(q) \tag{4.5}$$

式中:K_p 为比例系数;K_d 为微分系数;e 为轨迹跟踪误差,$e = q_d - q$。

标称系统的闭环误差为

$$\ddot{e} + K_d \dot{e} + K_p e = 0 \tag{4.6}$$

从式(4.6)可得到,对于不存在不确定性的混联机构来说,轨迹跟踪误差将渐近收敛于零[130]。

积分滑模面 $s \in \mathbb{R}^{12}$ 设计为

$$s = B\left[x - x(0) - \int_{t_0}^{t} \left(f(x) + g(x)u_{nom} \right) d\tau \right] \tag{4.7}$$

式中:$B \in \mathbb{R}^{6 \times 12}$ 为不为零的矩阵,选择合适的 B 使 $Bg(x)$ 可逆。

选择 $x(0) = -\int_{t_0}^{t} \left(f(x) + g(x)u_{nom} \right) d\tau$,$t = t_0$,则在 t_0 时刻 $s = 0$,因此积分滑模控制器从一开始就从滑模面滑动。

假设 4.1　假设系统中 τ_d、$g(x)$ 是有界的,因此式(4.2)中的扰动 d 是有界的。

积分滑模切换控制项 u_{dis} 设计为

$$u_{dis} = -\eta \frac{(Bg(x))^T s}{\left\| (Bg(x))^T s \right\|} \tag{4.8}$$

式中：η 为滑模控制切换增益，选择 $\eta > \|Bd\|_\infty$ 确保实现滑动模态。

为了简化积分滑模控制中切换控制项，选择 $B = g(x)^+$，则转化切换控制项后为

$$u = u_{\text{nom}} + u_{\text{dis}} = \begin{cases} u_{\text{nom}} - \eta \dfrac{s}{\|s\|}, & s \neq 0 \\ u_{\text{nom}}, & s = 0 \end{cases} \qquad (4.9)$$

如果混联机构式（4.2）的状态在滑模面上处于滑动模态时 $s = \dot{s} = 0$，此时混联机构的动态特性可由等效控制方法决定，即

$$\dot{x} = f(x) + g(x)u_{\text{nom}} \qquad (4.10)$$

从式（4.2）、式（4.5）至式（4.10）可以得到，在滑动模态时，系统对不确定性不敏感。

定理 4.1　对于式（4.1）表示的混联机构轨迹跟踪系统，选择滑模面式（4.7），采用式（4.9）所示的积分滑模控制器，可保证所设计的滑模面在有限时间内可达。

证明　选取 Lyapunov 函数为

$$V_0 = \frac{1}{2} s^{\text{T}} s \qquad (4.11)$$

当滑模面 $s \neq 0$ 时，对式（4.11）求导，可得

$$\begin{aligned} \dot{V}_0 &= s^{\text{T}} \dot{s} \\ &= s^{\text{T}} B \left[\dot{x} - f(x) - g(x)u_{\text{nom}} \right] \\ &= s^{\text{T}} \left(-\eta \frac{s}{\|s\|} + Bd \right) \\ &= -\eta \|s\| + s^{\text{T}} Bd \\ &\leqslant -\eta \|s\| + \|s\| \|Bd\|_\infty \\ &\leqslant -(\eta - \|Bd\|_\infty) \|s\| \end{aligned} \qquad (4.12)$$

因为 $\eta > \|Bd\|_\infty$，可得

$$\dot{V}_0 < -\varepsilon \|s\| \qquad (4.13)$$

式中：ε 为一个正数，且大于 $\eta - \|Bd\|_\infty$。

根据式（4.12）和式（4.13），可得 $s^{\text{T}} \dot{s} < -\varepsilon \|s\|$，从而保证滑模可达。

由于 $V_0 = \frac{1}{2} s^{\text{T}} s = \frac{1}{2} \|s\|^2$，因此 $\|s\| = \sqrt{2V_0}$，根据式（4.13），可得

$$\dot{V}_0 < -\sqrt{2}\varepsilon V_0^{1/2} \qquad (4.14)$$

由式（4.14），可得

$$\int_0^t \frac{\mathrm{d}V_0}{V_0^{1/2}} < \int_0^t -\sqrt{2}\varepsilon \mathrm{d}t \Rightarrow V_0(t)^{1/2} - V_0(0)^{1/2} < -\frac{\sqrt{2}}{2}\varepsilon t$$

$$\Rightarrow V_0(t)^{1/2} < -\frac{\sqrt{2}}{2}\varepsilon t + V_0(0)^{1/2} \qquad (4.15)$$

由于 V_0 是非负单调递减的，从而可得从 t_s 开始 $V_0 \equiv 0$，表明当 $t \in [t_s, +\infty)$，$t_s = \dfrac{2\sqrt{V_0(0)}}{\sqrt{2}\varepsilon}$ 时，

滑模面 $s = 0$。因此,对于所设计的滑模面,系统可以在有限时间内到达。

4.3.2 自适应积分滑模控制器设计

在实际应用中,由于很难得到不确定性的准确上界信息,因此本节采用自适应技术自适应地调整积分滑模切换增益。所设计的自适应积分滑模控制器为

$$u = u_{\text{nom}} + u_{\text{dis}} = \begin{cases} u_{\text{nom}} - \hat{\eta} \dfrac{s}{\|s\|}, & s \neq 0 \\ u_{\text{nom}}, & s = 0 \end{cases} \tag{4.16}$$

式中:$\hat{\eta}$ 为切换增益 η 的估计值,其自适应律为

$$\hat{\eta} = \gamma \int_{t_0}^{t} \|s\| \mathrm{d}\tau \tag{4.17}$$

式中:γ 为自适应律调整参数,且 $\gamma > 0$。

定理 4.2   对于式(4.1)所示的混联机构轨迹跟踪控制系统,采用式(4.16)所示的自适应积分滑模控制器和式(4.17)所示的自适应律,则系统状态将渐近收敛于滑模面 $s = 0$。

证明   选取 Lyapunov 函数为

$$V_1 = \frac{1}{2} s^{\mathrm{T}} s + \frac{1}{2\gamma} (\hat{\eta} - \eta)^2 \tag{4.18}$$

当滑模面 $s \neq 0$ 时,对式(4.18)求导,可得

$$\begin{aligned} \dot{V}_1 &= s^{\mathrm{T}} \dot{s} + \frac{1}{\gamma} (\hat{\eta} - \eta) \dot{\hat{\eta}} \\ &= s^{\mathrm{T}} B \left[\dot{x} - f(x) - g(x) u_{\text{nom}} \right] + \frac{1}{\gamma} (\hat{\eta} - \eta) \dot{\hat{\eta}} \\ &= s^{\mathrm{T}} \left(-\hat{\eta} \frac{s}{\|s\|} + Bd \right) + \|s\| (\hat{\eta} - \eta) \\ &= s^{\mathrm{T}} Bd - \eta \|s\| \\ &\leqslant -\left(\eta - \|Bd\|_{\infty} \right) \|s\| \end{aligned} \tag{4.19}$$

由于 $\eta > \|Bd\|_{\infty}$,可得

$$\dot{V}_1 \leqslant \left(\|Bd\|_{\infty} - \eta \right) \|s\| \leqslant 0 \tag{4.20}$$

因此,闭环系统是渐近稳定的。定义 $\varphi(t) = \left(\eta - \|Bd\|_{\infty} \right) \|s\|$,对 $\varphi(t)$ 从 0 到 t 进行积分,有

$$\int_0^t \dot{V}_1 \mathrm{d}\tau \leqslant -\int_0^t \varphi(t) \mathrm{d}t \Rightarrow \int_0^t \varphi(t) \mathrm{d}t \leqslant V_1(0) - V_1(t)$$

$$\Rightarrow \int_0^t \varphi(t) \mathrm{d}t \leqslant V_1(0) \tag{4.21}$$

由式(4.20)可得,$\dot{V}_1$ 是半负定的,因此 V_1 是非增且有界的。由于 $V_1(0)$ 和 $V_1(t)$ 是有界的,当 $t \to +\infty$ 时,可得

$$\lim_{t \to +\infty} \int_0^t \varphi(t) \mathrm{d}\tau \leqslant V_1(0) \leqslant +\infty \tag{4.22}$$

根据 Barbalat 引理,可得如下结论:

$$\lim_{t \to |+\infty} \varphi(t) = 0 \qquad (4.23)$$

则当 $t \to +\infty$ 时, $s \to 0$,因此系统状态将渐近收敛于滑模面 $s = 0$ 。

由自适应律式(4.17)可得,当 $s \neq 0$ 时,切换增益 $\hat{\eta}$ 会一直变大,直到满足可达性条件。根据前面的分析,必然存在一有限的时间 t_F 使系统状态到达滑模面。当系统处于滑动模态时,可采用等效控制的方法分析系统处于滑动模态时的动态响应。令 $\dot{s} = 0$,则等效控制为

$$u_{eq} = \left[\boldsymbol{B}\boldsymbol{g}(\boldsymbol{x}) \right]^{-1} \left[\boldsymbol{B}\boldsymbol{g}(\boldsymbol{x})u_{nom} - \boldsymbol{B}\boldsymbol{d} \right] \qquad (4.24)$$

将式(4.24)代入式(4.1),得到

$$\dot{\boldsymbol{x}} = \boldsymbol{f}(\boldsymbol{x}) + \boldsymbol{g}(\boldsymbol{x})u_{nom} \qquad (4.25)$$

式(4.25)表明,不确定混联机构的动态响应与标称系统在标称控制器式(4.5)下的动态响应一致。

综上所述,对于存在不确定性的混联机构轨迹跟踪系统式(4.1),采用式(4.16)和式(4.17)所示的自适应积分滑模控制器和自适应律,可保证闭环系统稳定,且避免了对不确定性的准确上界信息的先验要求。

4.4　无须不确定性上界信息的自适应全局鲁棒滑模控制器设计

当汽车电泳涂装输送用混联机构在作业时受到较大的扰动时,可能会导致过大的自适应增益,产生过度适应问题,从而产生严重的滑模控制抖振问题。然而,这种情况对于实际应用系统来说是不可取的,因此需要消弱滑模控制抖振,提高系统的控制性能。本节引入非线性扰动观测器估计集总扰动并前馈补偿,补偿后积分滑模切换增益只需要大于扰动估计误差的上界,通常情况下非线性扰动观测器估计误差的上界要远远小于集总扰动的上界。因此,为了进一步提高系统的鲁棒性和跟踪性能,设计了自适应全局鲁棒滑模控制器,该控制器结构如图 4.2 所示。

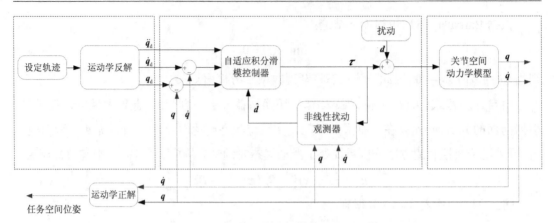

图 4.2 自适应全局鲁棒滑模控制器结构图

采用式(3.21)所示的非线性扰动观测器,根据式(4.1)得到系统扰动为

$$\hat{\boldsymbol{d}} = \begin{bmatrix} \boldsymbol{0}_{6\times6} \\ -\hat{\boldsymbol{M}}^{-1}(\boldsymbol{q}) \end{bmatrix} \hat{\boldsymbol{\tau}}_{\mathrm{d}} \qquad (4.26)$$

假设式(3.21)所示的非线性扰动观测器选取了合适参数且 $\boldsymbol{\tau}_{\mathrm{d}} - \hat{\boldsymbol{\tau}}_{\mathrm{d}}$ 有界,那么系统扰动估计误差 $\boldsymbol{d} - \hat{\boldsymbol{d}}$ 有界。非线性扰动观测器前馈补偿设计为

$$\boldsymbol{u}_{\mathrm{d}} = -\boldsymbol{g}(\boldsymbol{x})^{+}\hat{\boldsymbol{d}} \qquad (4.27)$$

式中: $\boldsymbol{g}(\boldsymbol{x})^{+}$ 为 $\boldsymbol{g}(\boldsymbol{x})$ 的伪逆。

自适应全局鲁棒滑模控制器为

$$\boldsymbol{u} = \boldsymbol{u}_{\mathrm{nom}} + \boldsymbol{u}_{\mathrm{dis}} + \boldsymbol{u}_{\mathrm{d}} \qquad (4.28)$$

定理 4.3 对于式(4.1)所示的混联机构轨迹跟踪系统,采用式(4.28)所示的自适应鲁棒积分滑模控制器,系统状态将渐近收敛于滑模面 $\boldsymbol{s} = \boldsymbol{0}$ 。

证明 选取 Lyapunov 函数为

$$V_{2} = \frac{1}{2}\boldsymbol{s}^{\mathrm{T}}\boldsymbol{s} + \frac{1}{2\gamma}(\hat{\eta} - \eta)^{2} \qquad (4.29)$$

$$\begin{aligned}
\dot{V}_{2} &= \boldsymbol{s}^{\mathrm{T}}\dot{\boldsymbol{s}} + \frac{1}{\gamma}(\hat{\eta} - \eta)\dot{\hat{\eta}} \\
&= \boldsymbol{s}^{\mathrm{T}}\boldsymbol{B}\big[\dot{\boldsymbol{x}} - \boldsymbol{f}(\boldsymbol{x}) - \boldsymbol{g}(\boldsymbol{x})\boldsymbol{u}_{\mathrm{nom}}\big] + \frac{1}{\gamma}(\hat{\eta} - \eta)\dot{\hat{\eta}} \\
&= \boldsymbol{s}^{\mathrm{T}}\left(-\hat{\eta}\frac{\boldsymbol{s}}{\|\boldsymbol{s}\|} - \boldsymbol{B}\boldsymbol{g}(\boldsymbol{x})\boldsymbol{g}(\boldsymbol{x})^{+}\hat{\boldsymbol{d}} + \boldsymbol{B}\boldsymbol{d}\right) + \|\boldsymbol{s}\|(\hat{\eta} - \eta) \\
&= \boldsymbol{s}^{\mathrm{T}}\big(\boldsymbol{B}(\boldsymbol{d} - \hat{\boldsymbol{d}})\big)\big) - \|\boldsymbol{s}\|\eta \\
&\leqslant -\big(\eta - \|\boldsymbol{B}(\boldsymbol{d} - \hat{\boldsymbol{d}})\|_{\infty}\big)\|\boldsymbol{s}\|
\end{aligned} \qquad (4.30)$$

由于 $\eta > \|\boldsymbol{B}(\boldsymbol{d} - \hat{\boldsymbol{d}})\|_{\infty}$,可得

$$\dot{V}_{2} < -\beta\|\boldsymbol{s}\| \qquad (4.31)$$

式中：β 是大于 $\eta - \left\| \boldsymbol{B}(\boldsymbol{d} - \hat{\boldsymbol{d}}) \right\|_{\infty}$ 的正数。

因此，$\dot{V}_2 \leq 0$，则闭环系统是渐近稳定的。定理 4.3 剩余部分的证明与定理 4.2 相似，根据 Barbalat 引理可以得到系统状态将渐近收敛于滑模面 $\boldsymbol{s} = \boldsymbol{0}$。

对于一个性能较好的扰动观测器来说，扰动估计误差 $\boldsymbol{d} - \hat{\boldsymbol{d}}$ 要远小于扰动 $\boldsymbol{d}$。若采用式（4.17）所示的自适应律，积分滑模切换增益只需大于 $\left\| \boldsymbol{B}(\boldsymbol{d} - \hat{\boldsymbol{d}}) \right\|_{\infty}$ 的上界，而不是大于 $\left\| \boldsymbol{B}\boldsymbol{d} \right\|_{\infty}$ 的上界。因此，自适应全局鲁棒滑模控制器只需要一个相对较小的切换增益，从而能有效消弱滑模控制抖振，提高系统的控制性能。

在上述所提出的积分滑模控制器式（4.9）和式（4.16）中，由于引入了切换控制项 $\boldsymbol{u}_{\mathrm{dis}}$ 以保证能满足滑模可达性条件，可能会导致不期望的高频抖振问题。为了消弱滑模控制抖振，切换控制器中的不连续部分可用 $\dfrac{\boldsymbol{s}}{\left\| \boldsymbol{s} \right\| + v}$ 代替 $\dfrac{\boldsymbol{s}}{\left\| \boldsymbol{s} \right\|}$，其中 v 是一个很小的正常数。

4.5　仿真分析

本节将通过 MATLAB 仿真分析验证本章所提出的控制方法的有效性，以混联机构样机式（4.1）为被控对象进行仿真，样机参数见表 2.2，所选用的期望轨迹如式（2.7）所示。仿真时考虑混联机构受到模型误差、机构摩擦力、随机外部扰动等不确定性因素影响，取建模误差为标称模型的 10%，摩擦力中 $\boldsymbol{B}_{\mathrm{c}}$ 和 $\boldsymbol{F}_{\mathrm{c}}$ 分别为

$$\boldsymbol{B}_{\mathrm{c}} = \mathrm{diag}(1.5, 1.5, 1.5, 1.5, 2, 2), \quad \boldsymbol{F}_{\mathrm{c}} = \mathrm{diag}(2, 2, 2, 2, 3, 3) \tag{4.32}$$

随机外部扰动为

$$\tau_z = 100 \sin\left(\pi t + \frac{\pi}{2}\right), \quad \tau_{\beta} = 100 \sin\left(\pi t + \frac{\pi}{2}\right) \tag{4.33}$$

为了验证本章所提出的自适应全局鲁棒滑模控制器（NDO-AISMC）的性能，分别选用无非线性扰动观测器的滑模控制器（SMC）、积分滑模控制器（ISMC）、自适应积分滑模控制器（AISMC）三种控制器与之进行对比。四种控制器所选用的参数如下。

SMC：$\boldsymbol{B} = \mathrm{diag}(15, 15, 15, 15, 10, 10)$，$\boldsymbol{K} = \mathrm{diag}(30, 30, 30, 30, 60, 60)$。

ISMC：$K_{\mathrm{p}} = 250 I_6$，$K_{\mathrm{d}} = 40 I_6$，$\eta = 5$。

AISMC：$K_{\mathrm{p}} = 250 I_6$，$K_{\mathrm{d}} = 40 I_6$，$\gamma = 5$。

NDO-AISMC：$K_{\mathrm{p}} = 250 I_6$，$K_{\mathrm{d}} = 40 I_6$，$\gamma = 5$，$Y = 600 I_6$。

图 4.3 所示为混联机构在四种控制器作用下的主动关节轨迹跟踪误差曲线。从图 4.3 可以得出，四种控制器都能保证系统跟踪上参考轨迹，无非线性扰动观测器的滑模控制器的轨迹跟踪稳态误差较大，自适应全局鲁棒滑模控制器在轨迹跟踪精度上好于自适应积分滑

模控制器,自适应积分滑模控制器在轨迹跟踪精度上好于积分滑模控制器,四种控制器的响应速度相当。图 4.4 所示为混联机构在四种控制器作用下的主动关节驱动力矩曲线。从图 4.4 可以得出,无非线性扰动观测器的滑模控制器的控制力出现了较为严重的抖振,自适应积分滑模控制器的抖振次之,自适应全局鲁棒滑模控制器的控制力输出最平滑且抖振最小。图 4.5 所示为混联机构在自适应积分滑模控制器和自适应全局鲁棒滑模控制器两种控制器作用下的切换增益曲线。从图 4.5 可以得出,自适应全局鲁棒滑模控制器的切换增益较小,而自适应积分滑模控制器的切换增益较大,非线性扰动观测器较好地解决了自适应积分滑模控制器中存在的过度适应问题。图 4.6 所示为混联机构非线性扰动观测器的扰动估计曲线。从图 4.6 可以得到,所设计的非线性扰动观测器能够有效估计集总扰动。综合来看,自适应全局鲁棒滑模控制器控制性能较优的主要原因是在自适应方法的引入和非线性扰动观测器的前馈补偿条件下,自适应全局鲁棒滑模控制器的切换增益只需要大于扰动估计误差的上界,因此自适应全局鲁棒滑模控制器的切换增益要远小于自适应积分滑模控制器的切换增益,进一步消弱了滑模控制抖振,使自适应全局鲁棒滑模控制器在抖振抑制方面优于自适应积分滑模控制器。

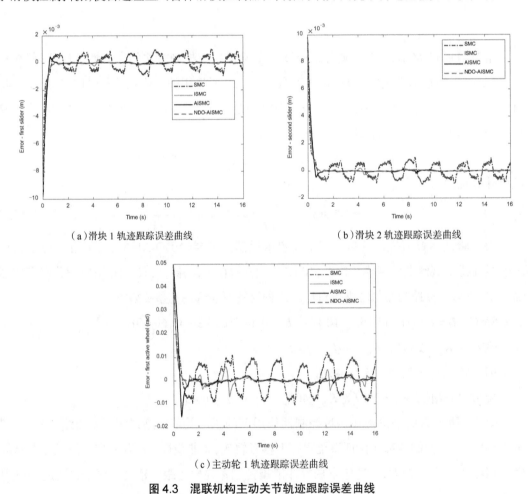

（a）滑块 1 轨迹跟踪误差曲线　　　　　　　　　（b）滑块 2 轨迹跟踪误差曲线

（c）主动轮 1 轨迹跟踪误差曲线

图 4.3　混联机构主动关节轨迹跟踪误差曲线

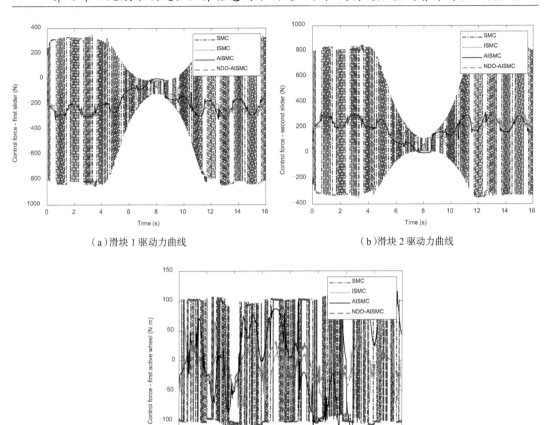

（a）滑块 1 驱动力曲线　　　　　　　　　　（b）滑块 2 驱动力曲线

（c）主动轮 1 驱动力矩曲线

图 4.4　混联机构主动关节驱动力矩曲线

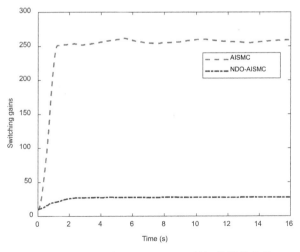

图 4.5　AISMC 和 NDO-AISMC 的切换增益曲线

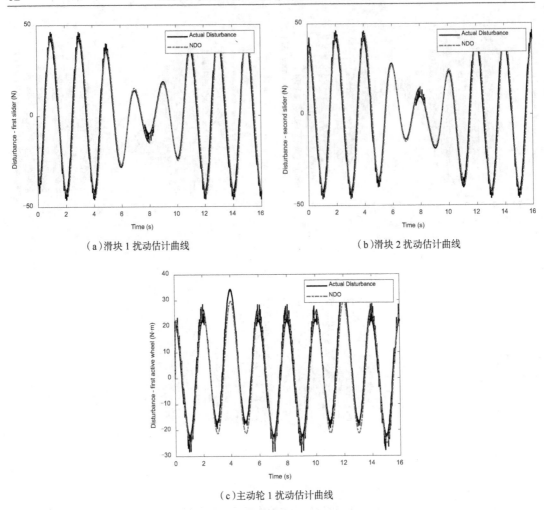

（a）滑块 1 扰动估计曲线　　　　　　　（b）滑块 2 扰动估计曲线

（c）主动轮 1 扰动估计曲线

图 4.6　混联机构主动关节扰动估计曲线

　　为了进一步说明自适应全局鲁棒滑模控制器的优越性,将自适应全局鲁棒滑模控制方法(NDO-AISMC)与结合非线性扰动观测器的鲁棒滑模控制方法(NDO-SMC)在同样的条件下进行仿真比较。图 4.7 所示为混联机构在 NDO-SMC 和 NDO-AISMC 两种控制方法下的主动关节轨迹跟踪误差曲线,图 4.8 所示为混联机构在 NDO-SMC 和 NDO-AISMC 两种控制方法下的主动关节驱动力矩曲线。从图 4.7 可以得出, NDO-AISMC 的跟踪稳态误差小于 NDO-SMC,且运动过程较平稳。从图 4.8 可以得出, NDO-AISMC 的滑模控制抖振要比 NDO-SMC 小,NDO-AISMC 进一步消弱了滑模控制抖振,提高了系统的跟踪性能。

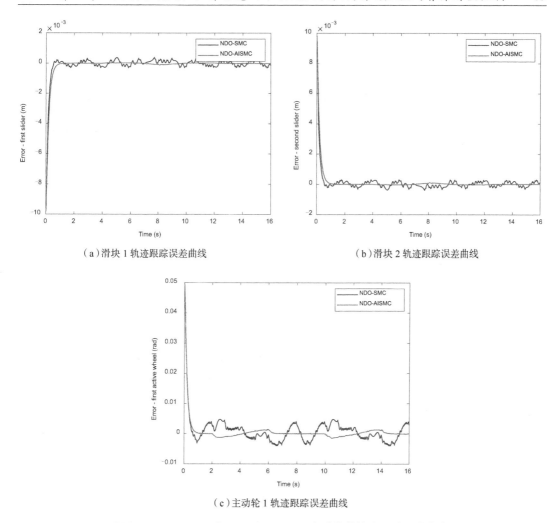

（a）滑块 1 轨迹跟踪误差曲线　　　　　　（b）滑块 2 轨迹跟踪误差曲线

（c）主动轮 1 轨迹跟踪误差曲线

图 4.7　NDO-SMC 和 NDO-AISMC 下主动关节轨迹跟踪误差曲线

　　综合分析上面的仿真结果可以得到,自适应全局鲁棒滑模控制方法改善了滑模到达阶段的动态性能,使闭环系统在响应的全过程均具有鲁棒性,减小了滑模控制中存在的稳态误差。因此,与结合非线性扰动观测器的鲁棒滑模控制器相比,本章所提出的自适应全局鲁棒滑模控制器具有更优的轨迹跟踪性能。

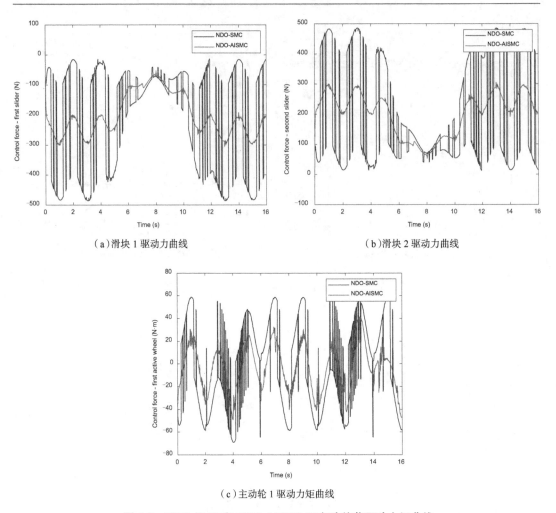

（a）滑块 1 驱动力曲线　　　　　　　　　　（b）滑块 2 驱动力曲线

（c）主动轮 1 驱动力矩曲线

图 4.8　NDO-SMC 和 NDO-AISMC 下主动关节驱动力矩曲线

4.6　本章小结

　　本章针对第 3 章所提出的鲁棒滑模控制方法中未考虑到达阶段动态性能以及实际应用中不确定性上界信息难以获得的问题,提出了一种不确定混联机构的自适应全局鲁棒滑模控制方法。首先,为混联机构设计了积分滑模控制器,以消除滑模控制的到达阶段,使混联机构系统在响应的全过程均具有鲁棒性。其次,为了避免对不确定性上界信息的依赖,设计了自适应积分滑模控制器。最后,为了防止过大的自适应增益问题,引入非线性扰动观测器主动补偿系统中的不确定性,设计了自适应全局鲁棒滑模控制器。仿真结果表明,该方法在保证系统扰动抑制能力的同时,有效地消弱了滑模控制抖振,具有更好的跟踪性能。

第 5 章　抗不匹配扰动的不确定混联机构鲁棒滑模控制

5.1 引言

　　前面提出的两种鲁棒滑模控制方法很好地解决了不确定混联机构匹配扰动的问题,但未考虑驱动电机的动力学特性。考虑驱动电机的动力学特性后,增加了混联机构系统的阶次,这时混联机构中不确定性与驱动电机控制电压不在同一通道,属于不匹配扰动,这种不匹配扰动给混联机构高性能控制带来了挑战。在实际工业控制中,不匹配扰动是广泛存在的,如航空航天[176]、水下无人航行器[177]、永磁同步电机[178]、移动机器人[147]、非线性磁悬浮系统[179]等。如何抑制不匹配扰动已成为最近的研究热点之一,国内外学者提出了 Backstepping 方法[143]、Riccati 方法[180]、LMI 方法[181]、滑模控制[182]、基于扩张观测器的控制[183]等。

　　Backstepping 控制是抑制不匹配扰动的一种有效控制策略。Backstepping 控制实际上是一种逐步递推的设计方法,其基本思想是将复杂的非线性系统分解成不超过系统阶数的子系统,然后为每一个子系统分别设计 Lyapunov 函数和中间虚拟控制量,前面的子系统必须通过后面子系统的虚拟控制律才能保证镇定,一直后推到整个系统,直到完成整个控制量的设计。真实的控制量镇定最后一个子系统,然后依次镇定前一个子系统,系统的不匹配扰动由各个子系统负责抑制,最终使整个控制系统具有鲁棒性[143]。然而,传统的 Backstepping 控制无法保证系统的鲁棒性,将 Backstepping 控制与滑模控制相结合,可增加系统对匹配和不匹配扰动的鲁棒性[184-187]。Ma 等针对柔性关节机器人控制问题,将滑模控制方法和 Backstepping 控制方法相结合,解决了不匹配扰动抑制问题[186]。徐传忠等针对多关节机器人,研究了未知扰动作用下系统的控制问题,设计了自适应反演终端滑模控制器,并允许系统的最后一个方程中出现非参数化匹配不确定性[187]。然而,上述研究并没考虑滑模控制抖振对系统的影响。

基于扰动观测器的控制策略可用来处理匹配扰动,还可以用来处理不匹配扰动。Wei等针对具有 H_2 范数有界的不匹配扰动系统,采用 DOBC 来补偿匹配扰动,采用 H_∞ 控制来处理不匹配扰动[188]。Yang 等通过设计合适的扰动补偿增益将 DOBC 应用到一类具有不匹配扰动的非线性 SISO 控制系统中[189]。Yang 等在文献 [189] 的基础上研究了具有不匹配扰动的 MIMO 非线性系统,通过设计合适的干扰补偿增益矩阵,提出了一种广义的非线性 DOBC 方法来解决任意自由度的扰动抑制问题[190]。Yang 等针对存在不匹配扰动的近空间高速飞行器纵向飞行控制问题,采用基于 DOBC 的控制方法,在不牺牲标准控制性能的情况下抑制了系统中存在的不匹配扰动[191]。Sun 等针对一类具有未知非线性函数和外部干扰的系统,提出了一种扰动观测器与神经网络相结合的干扰观测器估计不匹配扰动,并与 Backstepping 控制方法构成复合控制器,以获得更高的控制精度[192]。

本章针对考虑驱动电机动力学特性后存在不匹配扰动的混联机构轨迹跟踪控制问题,提出了一种抗不匹配扰动的鲁棒滑模控制方法(NDO-ABSMC),综合 Backstepping 控制、滑模控制、扰动观测器、自适应控制设计了一种复合控制方法。首先,用扰动观测器估计匹配和不匹配扰动;其次,用 Backstepping 方法设计中间虚拟控制量,在虚拟控制量中引入扰动估计值来补偿不匹配扰动;最后,设计自适应规则动态调整滑模控制切换增益。在每一步中设计 Lyapunov 函数,保证系统的稳定性以及跟踪误差渐近收敛于零。与以往方法相比,所提出的复合控制方法最大的不同之处为在 Backstepping 中间虚拟控制量中用非线性扰动观测器主动补偿不匹配扰动,提高系统对不匹配扰动的抑制能力。

5.2　问题描述

第 2 章中对混联机构进行了动力学建模,动力学模型式(2.54)反映了混联机构滑块和主动轮输出的力 / 力矩与各主动关节位置之间的关系,没有考虑驱动电机的动力学特性。本书所研究的混联机构各主动关节均采用伺服电机驱动,驱动电机模型简化为[121]

$$\hat{L}\frac{\mathrm{d}i}{\mathrm{d}t} + \hat{R} \cdot i + \hat{K}_b \dot{q} + w_2 = u + d_{2\mathrm{ex}} \tag{5.1}$$

式中: $\hat{L}$ 为电机电感; $\hat{R}$ 为电机等效电阻; $\hat{K}_b$ 为电机的反电动势因子; i 为电机电枢电流; u 为电机控制电压; w_2 为电机模型中不确定性; $d_{2\mathrm{ex}}$ 为电机外部扰动。

电机的集总扰动为

$$\tau_{d2} = d_{2\mathrm{ex}} - w_2 \tag{5.2}$$

电机的转矩为

$$\tau_m = \hat{K}_t i \tag{5.3}$$

式中:$\hat{K}_t$ 为电机的额定转矩系数;$\boldsymbol{\tau}_m = \begin{bmatrix} \tau_{m1} & \tau_{m2} & \tau_{m3} & \tau_{m4} & \tau_{m5} & \tau_{m6} \end{bmatrix}^T$ 为驱动电机力矩。

由于混联机构采用电机驱动丝杠实现滑块的移动,可得各滑块对应的电机力矩为

$$\tau_{mk} = \frac{\tau_k s}{2\pi \eta} \quad (k = 1, 2, 3, 4) \tag{5.4}$$

式中:τ_1、τ_2、τ_3、τ_4 为各滑块轴向驱动力;s 为丝杠导程;η 为丝杠的传动效率;τ_{m1}、τ_{m2}、τ_{m3}、τ_{m4} 为各滑块对应电机的驱动力矩。

混联机构的主动轮通过减速机与驱动电机相连,驱动电机的驱动力矩与主动轮转矩的关系为

$$\tau_{mk} = \frac{\tau_k}{n} \quad (k = 5, 6) \tag{5.5}$$

式中:n 为减速机减速比;τ_5、τ_6 分别为两个主动轮的驱动力矩;τ_{m5}、τ_{m6} 分别为两个主动轮对应电机的驱动力矩。

综合式(2.52)、式(5.1)至式(5.5),可得考虑驱动电机动力学特性的混联机构模型为

$$\begin{cases} \tilde{\boldsymbol{M}}(\boldsymbol{q})\ddot{\boldsymbol{q}} + \tilde{\boldsymbol{C}}(\boldsymbol{q}, \dot{\boldsymbol{q}})\dot{\boldsymbol{q}} + \tilde{\boldsymbol{G}}(\boldsymbol{q}) = \boldsymbol{i} + \boldsymbol{d}_1 \\ \dfrac{\mathrm{d}\boldsymbol{i}}{\mathrm{d}t} + \tilde{\boldsymbol{R}} \cdot \boldsymbol{i} + \tilde{\boldsymbol{K}}_b \dot{\boldsymbol{q}} = \hat{\boldsymbol{L}}^{-1}\boldsymbol{u} + \boldsymbol{d}_2 \end{cases} \tag{5.6}$$

式中:$\tilde{\boldsymbol{M}}(\boldsymbol{q}) = (\boldsymbol{I}\hat{\boldsymbol{K}}_t)^{-1}\hat{\boldsymbol{M}}(\boldsymbol{q})$,$\tilde{\boldsymbol{C}}(\boldsymbol{q}, \dot{\boldsymbol{q}}) = (\boldsymbol{I}\hat{\boldsymbol{K}}_t)^{-1}\hat{\boldsymbol{C}}(\boldsymbol{q}, \dot{\boldsymbol{q}})$,$\tilde{\boldsymbol{G}}(\boldsymbol{q}) = (\boldsymbol{I}\hat{\boldsymbol{K}}_t)^{-1}\hat{\boldsymbol{G}}(\boldsymbol{q})$,$\tilde{\boldsymbol{R}} = \hat{\boldsymbol{L}}^{-1}\hat{\boldsymbol{R}}$,$\tilde{\boldsymbol{K}}_b = \hat{\boldsymbol{L}}^{-1}\hat{\boldsymbol{K}}_b$,$\boldsymbol{d}_1 = (\boldsymbol{I}\hat{\boldsymbol{K}}_t)^{-1}\boldsymbol{\tau}_{d1}$,$\boldsymbol{d}_2 = \hat{\boldsymbol{L}}^{-1}\boldsymbol{\tau}_{d2}$,其中 $\boldsymbol{I}$ 为电机驱动力矩与各主动关节驱动力矩的转换矩阵,$\boldsymbol{I} = \text{diag}\left(\dfrac{2\pi\eta}{s}, \dfrac{2\pi\eta}{s}, \dfrac{2\pi\eta}{s}, \dfrac{2\pi\eta}{s}, n, n \right)$。

定义系统状态变量为

$$\boldsymbol{x} = \begin{bmatrix} \boldsymbol{x}_1, & \boldsymbol{x}_2, & \boldsymbol{x}_3 \end{bmatrix}^T = \begin{bmatrix} \boldsymbol{q}, & \dot{\boldsymbol{q}}, & \boldsymbol{i} \end{bmatrix}^T \tag{5.7}$$

则考虑驱动电机动力学特性的混联机构状态空间方程为

$$\begin{cases} \dot{\boldsymbol{x}}_1 = \boldsymbol{x}_2 \\ \dot{\boldsymbol{x}}_2 = \tilde{\boldsymbol{M}}(\boldsymbol{q})^{-1}[-\tilde{\boldsymbol{C}}(\boldsymbol{q}, \dot{\boldsymbol{q}})\boldsymbol{x}_2 - \tilde{\boldsymbol{G}}(\boldsymbol{q}) + \boldsymbol{x}_3 + \boldsymbol{d}_1] \\ \dot{\boldsymbol{x}}_3 = -\tilde{\boldsymbol{R}}\boldsymbol{x}_3 - \tilde{\boldsymbol{K}}_b \boldsymbol{x}_2 + \hat{\boldsymbol{L}}^{-1}\boldsymbol{u} + \boldsymbol{d}_2 \end{cases} \tag{5.8}$$

从式(5.8)可以得到,系统中的扰动 $\boldsymbol{d}_1$ 和控制电压 $\boldsymbol{u}$ 不在同一通道中,这属于典型的不匹配扰动问题。控制器设计的任务是针对式(5.8)所示的不确定混联机构,在满足扰动 $\boldsymbol{d}_1$、$\boldsymbol{d}_2$ 有界但上界未知的假设条件下,抑制匹配扰动 $\boldsymbol{d}_2$ 和不匹配扰动 $\boldsymbol{d}_1$,使混联机构末端的白车身精确、稳定地跟踪设定的期望运动轨迹。

5.3 非线性扰动观测器设计

根据式(5.8)将混联机构动力学模型转换为仿射非线性形式,即

$$\dot{x} = f(x) + g_1(x)u + g_2(x)d \tag{5.9}$$

式中：$f(x) = \begin{bmatrix} x_2 \\ \tilde{M}(q)^{-1}\left(-\tilde{C}(q,\dot{q})x_2 - \tilde{G}(q) + x_3\right) \\ -\tilde{R}x_3 - \tilde{K}_b x_2 \end{bmatrix}$，$g_1(x) = \begin{bmatrix} 0 \\ 0 \\ \hat{L}^{-1} \end{bmatrix}$，$g_2(x) = \begin{bmatrix} 1 & 0 & 0 \\ 0 & 1 & 0 \\ 0 & 0 & 1 \end{bmatrix}$，$d = \begin{bmatrix} 0 \\ d_1 \\ d_2 \end{bmatrix}$。

设计非线性扰动观测器为[162]

$$\begin{cases} \dot{z} = -l(x)g_2(x)z - l(x)[g_2(x)p(x) + f(x) + g_1(x)u] \\ \hat{d} = z + p(x) \end{cases} \tag{5.10}$$

式中：$\hat{d}$ 为系统扰动估计值；z 为辅助向量；$l(x)$ 为观测器增益矩阵；$p(x)$ 为需要设计的矩阵，且满足 $l(x) = \dfrac{\partial p(x)}{\partial x}$。

定义非线性扰动观测器的估计误差 $\tilde{d}$ 为

$$\tilde{d} = d - \hat{d} \tag{5.11}$$

根据式（5.10），对非线性扰动观测器的估计误差式（5.11）求导，可得

$$\begin{aligned} \dot{\tilde{d}} &= \dot{d} - \dot{\hat{d}} \\ &= -\dot{z} - \frac{\partial p(x)}{\partial x}\dot{x} \\ &= l(x)g_2(x)z + l(x)[g_2(x)p(x) + f(x) + g_1(x)u] - l(x)[f(x) + g_1(x)u + g_2(x)d] \\ &= l(x)g_2(x)\hat{d} - l(x)g_2(x)d \\ &= -l(x)g_2(x)\tilde{d} \end{aligned} \tag{5.12}$$

由式（5.12）可以得出，通过设计合适的增益矩阵 $l(x)$ 能使观测器的误差收敛。为了便于估计不匹配扰动 d_1，本章所设计的观测器增益矩阵为

$$l(x) = \mathrm{diag}(p_1, p_2, p_3) \tag{5.13}$$

式中：p_1、p_2、p_3 为正对角阵。

定义 Lyapunov 函数为

$$V_0 = \frac{1}{2}\tilde{d}^{\mathrm{T}}\tilde{d} \tag{5.14}$$

根据式（5.12）和式（5.13），对 V_0 求导，可得

$$\dot{V}_0 = \tilde{d}^{\mathrm{T}}\dot{\tilde{d}} = -\tilde{d}_1^{\mathrm{T}} p_2 \tilde{d}_1 - \tilde{d}_2^{\mathrm{T}} p_3 \tilde{d}_2 \leqslant 0 \tag{5.15}$$

式中：$\tilde{d}_1$、$\tilde{d}_2$ 分别为 d_1、d_2 的估计误差。

由式（5.15）可得，非线性扰动观测器式（5.10）是渐近稳定的。

5.4　抗不匹配扰动的鲁棒滑模控制器设计

本节针对存在不匹配扰动的混联机构轨迹跟踪控制问题,设计了抗不匹配扰动的鲁棒滑模控制器,该控制器结构如图 5.1 所示。该控制器的设计过程如下:首先,采用 Backstepping 控制方法对系统式(5.8)进行控制器设计;其次,在该过程中引入非线性扰动观测器估计值 $\hat{\boldsymbol{d}}_1$、$\hat{\boldsymbol{d}}_2$ 进行主动补偿;最后,在反演控制的最后一步引入滑模项,并在此基础上设计自适应律对滑模控制切换增益进行估计。

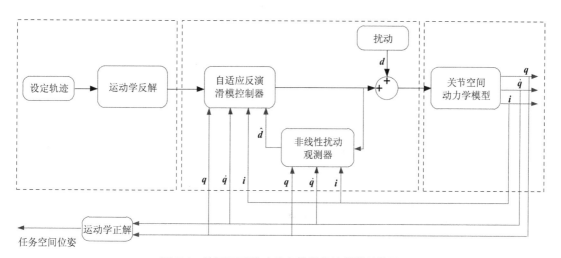

图 5.1　抗不匹配扰动的鲁棒滑模控制器结构图

针对含有不匹配扰动的混联机构轨迹跟踪控制,抗不匹配扰动的鲁棒滑模控制器设计分为 3 步;第 1、2 步采用反推法设计虚拟控制律;第 3 步设计自适应滑模控制器,并在第 2、3 步引入扰动估计值进行补偿。

1. 步骤 1

定义轨迹跟踪误差 $\boldsymbol{z}_1$ 为

$$\boldsymbol{z}_1 = \boldsymbol{x}_1 - \boldsymbol{x}_{\mathrm{d}} \qquad (5.16)$$

式中: $\boldsymbol{x}_{\mathrm{d}} = \boldsymbol{q}_{\mathrm{d}}$ 为设定的跟踪轨迹。

对轨迹跟踪误差式(5.16)求导,可得

$$\dot{\boldsymbol{z}}_1 = \dot{\boldsymbol{x}}_1 - \dot{\boldsymbol{x}}_{\mathrm{d}} \qquad (5.17)$$

设计 Lyapunov 函数 V_1 为

$$V_1 = \frac{1}{2} \boldsymbol{z}_1^{\mathrm{T}} \boldsymbol{z}_1 \qquad (5.18)$$

对式(5.18)求导,根据式(5.17),可得

$$\dot{V}_1 = z_1^T \dot{z}_1 = z_1^T (\dot{x}_1 - \dot{x}_d) \tag{5.19}$$

定义

$$z_2 = x_2 - a_1 \tag{5.20}$$

其中，a_1 定义为

$$a_1 = -c_1 z_1 + \dot{x}_d \tag{5.21}$$

式中：$c_1 \in \mathbb{R}^{6 \times 6}$ 为正对角阵。

把式（5.20）和式（5.21）代入式（5.19），可得

$$\dot{V}_1 = z_1^T \dot{z}_1 = z_1^T (z_2 - c_1 z_1) = -z_1^T c_1 z_1 + z_1^T z_2 \tag{5.22}$$

由式（5.22）可以得到，如果 $z_2 = 0$，则 $\dot{V}_1 \leqslant 0$。因此，需要进行下一步设计。

2. 步骤 2

根据式（5.8）和式（5.21），对式（5.20）求导，可得

$$\dot{z}_2 = \dot{x}_2 - \dot{a}_1 = -\tilde{M}^{-1} \tilde{C} x_2 - \tilde{M}^{-1} \tilde{G} + \tilde{M}^{-1} x_3 + \tilde{M}^{-1} d_1 - \dot{a}_1 \tag{5.23}$$

设计 Lyapunov 函数 V_2 为

$$V_2 = V_1 + \frac{1}{2} z_2^T \tilde{M} z_2 \tag{5.24}$$

对式（5.24）求导，根据式（5.8）和式（5.23），可得

$$
\begin{aligned}
\dot{V}_2 &= \dot{V}_1 + \frac{1}{2} z_2^T \dot{\tilde{M}} z_2 + z_2^T \tilde{M} \dot{z}_2 \\
&= -z_1^T c_1 z_1 + z_1^T z_2 + \frac{1}{2} z_2^T \dot{\tilde{M}} z_2 + z_2^T \tilde{M} (-\tilde{M}^{-1} \tilde{C} x_2 - \tilde{M}^{-1} \tilde{G} + \tilde{M}^{-1} x_3 + \tilde{M}^{-1} d_1 - \dot{a}_1) \\
&= -z_1^T c_1 z_1 + z_1^T z_2 + \frac{1}{2} z_2^T \dot{\tilde{M}} z_2 + z_2^T (-\tilde{C} z_2 - \tilde{C} a_1 - \tilde{G} + x_3 + d_1 - \tilde{M} \dot{a}_1)
\end{aligned} \tag{5.25}
$$

根据混联机构动力学模型性质式（2.44），可得

$$\dot{V}_2 = -z_1^T c_1 z_1 + z_1^T z_2 + z_2^T (-\tilde{C} a_1 - \tilde{G} + x_3 + d_1 - \tilde{M} \dot{a}_1) \tag{5.26}$$

定义

$$z_3 = x_3 - a_2 \tag{5.27}$$

其中，a_2 定义为

$$a_2 = \tilde{C} a_1 + \tilde{G} - \hat{d}_1 + \tilde{M} \dot{a}_1 - c_2 z_2 - z_1 \tag{5.28}$$

式中：$c_2 \in \mathbb{R}^{6 \times 6}$ 为正对角阵。

把式（5.27）和式（5.28）代入式（5.26），可得

$$\dot{V}_2 = -z_1^T c_1 z_1 - z_2^T c_2 z_2 + z_2^T z_3 + z_2^T (d_1 - \hat{d}_1) \tag{5.29}$$

式中：$\hat{d}_1$ 是不匹配扰动 d_1 的估计值。

定义不匹配扰动估计误差 $\tilde{d}_1 = d_1 - \hat{d}_1$，设计 Lyapunov 函数 V_3 为

$$V_3 = V_2 + \frac{1}{2} \tilde{d}_1^T \tilde{d}_1 \tag{5.30}$$

对式（5.30）求导，根据式（5.15）和式（5.29），可得

$$\dot{V}_3 \le -z_1^{\mathrm{T}} c_1 z_1 - z_2^{\mathrm{T}} c_2 z_2 + z_2^{\mathrm{T}} z_3 + z_2^{\mathrm{T}} \tilde{d}_1 - \tilde{d}_1^{\mathrm{T}} p_2 \tilde{d}_1 \tag{5.31}$$

根据不等式 $ab \le \varepsilon_1 a^2 + (1/4\varepsilon_1) b^2 (\varepsilon_1 > 0)$ 性质[178]，可得

$$\dot{V}_3 \le -z_1^{\mathrm{T}} c_1 z_1 - z_2^{\mathrm{T}} c_2 z_2 + z_2^{\mathrm{T}} z_3 + (z_2^{\mathrm{T}} \varepsilon_1 z_2 + \tilde{d}_1^{\mathrm{T}} \frac{1}{4\varepsilon_1} \tilde{d}_1) - \tilde{d}_1^{\mathrm{T}} p_2 \tilde{d}_1$$

$$\le -z_1^{\mathrm{T}} c_1 z_1 - z_2^{\mathrm{T}} K_1 z_2 + z_2^{\mathrm{T}} z_3 - \tilde{d}_1^{\mathrm{T}} K_2 \tilde{d}_1 \tag{5.32}$$

其中

$$K_1 = c_2 - \varepsilon_1, \quad K_2 = p_2 - \frac{1}{4\varepsilon_1} \tag{5.33}$$

由式（5.32）可得，如果 $z_3 = 0$，c_2 和 ε_1 选择合适的值使 $K_1 > 0$ 和 $K_2 > 0$，则 $\dot{V}_3 \le 0$。因此，还需要进行下一步设计。

3. 步骤 3

根据式（5.8）和式（5.28），对式（5.27）求导，可得

$$\dot{z}_3 = \dot{x}_3 - \dot{a}_2 = -\tilde{R} x_3 - \tilde{K}_b x_2 + \hat{L}^{-1} u + d_2 - \dot{a}_2 \tag{5.34}$$

定义滑模面 s 为

$$s = k z_2 + z_3 \tag{5.35}$$

式中：k 为正对角矩阵。

对滑模面 s 求导，可得

$$\dot{s} = k\dot{z}_2 + \dot{z}_3 = k\dot{z}_2 - \tilde{R} x_3 - \tilde{K}_b x_2 - \hat{L}^{-1} u + d_2 - \dot{a}_2 \tag{5.36}$$

设计 Lyapunov 函数 V_4 为

$$V_4 = V_3 + \frac{1}{2} s^{\mathrm{T}} s \tag{5.37}$$

对式（5.37）求导，根据式（5.32）和式（5.36），可得

$$\dot{V}_4 = \dot{V}_3 + s^{\mathrm{T}} \dot{s}$$

$$= -z_1^{\mathrm{T}} c_1 z_1 - z_2^{\mathrm{T}} K_1 z_2 + z_2^{\mathrm{T}} z_3 - \tilde{d}_1^{\mathrm{T}} K_2 \tilde{d}_1 + s^{\mathrm{T}} (k\dot{z}_2 - \tilde{R} x_3 - \tilde{K}_b x_2 + \hat{L}^{-1} u + d_2 - a_2) \tag{5.38}$$

假设匹配扰动估计误差有界。根据式（5.38），可得基于扰动观测器的反演滑模控制律为

$$\begin{cases} u = u_1 + u_2 \\ u_1 = \hat{L}(-k\dot{z}_2 + \tilde{R} x_3 + \tilde{K}_b x_2 - \hat{d}_2 + a_2 - z_2) \\ u_2 = -\hat{L} h s - \hat{L} \delta \operatorname{sgn}(s) \end{cases} \tag{5.39}$$

式中：δ 为滑模增益，为正常数，且 $\|d_2 - \hat{d}_2\|_1 \le \delta \le +\infty$。

由于很难获得扰动估计误差 $d_2 - \hat{d}_2$ 的上界，因此在控制律式（5.39）的基础上，采用自适应技术估计切换增益，所设计的自适应律为

$$\dot{\hat{\delta}} = \lambda \|s\|_1 \tag{5.40}$$

式中：$\hat{\delta}$ 为滑模增益 δ 的估计值；λ 为自适应调整参数，且 $\lambda > 0$。

定义增益估计误差 $\tilde{\delta} = \delta - \hat{\delta}$，根据自适应律式（5.40），可得自适应鲁棒反演滑模控制器的控制律为

$$u = \hat{L}(-k\dot{z}_2 + \tilde{R}x_3 + \tilde{K}_b x_2 - \hat{d}_2 + a_2 - z_2) - \hat{L}hs - \hat{L}\hat{\delta}\,\mathrm{sgn}(s) \tag{5.41}$$

定理 5.1　对于存在不匹配扰动的混联机构系统式（5.8），在非线性扰动观测器式（5.10）、控制律式（5.41）和自适应律式（5.40）的作用下，闭环系统是渐近稳定的，即轨迹跟踪误差收敛于零。

证明　设计 Lyapunov 函数 V_5 为

$$V_5 = V_4 + \frac{1}{2\lambda}\tilde{\delta}^{\mathrm{T}}\tilde{\delta} + \frac{1}{2}\tilde{d}_2^{\mathrm{T}}\tilde{d}_2 \tag{5.42}$$

对式（5.42）求导，可得

$$\dot{V}_5 = \dot{V}_4 + \frac{1}{\lambda}\tilde{\delta}^{\mathrm{T}}\dot{\tilde{\delta}} + \tilde{d}_2^{\mathrm{T}}\dot{\tilde{d}}_2 \tag{5.43}$$

把式（5.38）和式（5.41）代入式（5.43），可得

$$
\begin{aligned}
\dot{V}_5 &\le -z_1^{\mathrm{T}}c_1 z_1 - z_2^{\mathrm{T}}K_1 z_2 - \tilde{d}_1^{\mathrm{T}}K_2\tilde{d}_1 + z_2^{\mathrm{T}}z_3 - s^{\mathrm{T}}z_2 - s^{\mathrm{T}}hs + s^{\mathrm{T}}\tilde{d}_2 - s^{\mathrm{T}}\hat{\delta}\,\mathrm{sgn}(s) - \frac{\tilde{\delta}\dot{\hat{\delta}}}{\lambda} - \tilde{d}_2^{\mathrm{T}}p_3\tilde{d}_2 \\
&\le -z_1^{\mathrm{T}}c_1 z_1 - z_2^{\mathrm{T}}(K_1 + k)z_2 - s^{\mathrm{T}}hs + \delta\|s\|_1 - \hat{\delta}\|s\|_1 - \tilde{\delta}\|s\|_1 - \tilde{d}_2^{\mathrm{T}}p_3\tilde{d}_2 \\
&= -z_1^{\mathrm{T}}c_1 z_1 - z_2^{\mathrm{T}}(K_1 + k)z_2 - s^{\mathrm{T}}hs + (\delta - \hat{\delta} - \tilde{\delta})\|s\|_1 - \tilde{d}_2^{\mathrm{T}}p_3\tilde{d}_2 \\
&= -z_1^{\mathrm{T}}c_1 z_1 - z_2^{\mathrm{T}}(K_1 + k)z_2 - s^{\mathrm{T}}hs - \tilde{d}_2^{\mathrm{T}}p_3\tilde{d}_2
\end{aligned} \tag{5.44}
$$

通过选取 c_1、k、h、p_3 为适当的正对角阵，使 $K_1 > 0$、$K_2 > 0$，则 $\dot{V}_5 \le 0$，$\dot{V}_5$ 为半负定。

根据式（5.42），V_5 有下界且 $V_5 \ge 0$。对式（5.44）求导，可得

$$\ddot{V}_5 = -2z_1^{\mathrm{T}}c_1\dot{z}_1 - 2z_2^{\mathrm{T}}(K_1 + k)\dot{z}_2 - 2s^{\mathrm{T}}h\dot{s} - 2\tilde{d}_2^{\mathrm{T}}p_3\dot{\tilde{d}}_2 \tag{5.45}$$

把式（5.12）、式（5.16）、式（5.23）和式（5.36）代入式（5.45），可得 $\ddot{V}_5$ 是有界的。由于 $\dot{V}_5$ 是半负定的，因此 $\dot{V}_5$ 是一致连续的。根据 Barbalat 引理可知，当 $t \to +\infty$ 时 $\dot{V}_5 \to 0$，则 $\lim\limits_{t \to +\infty} z_1 = \lim\limits_{t \to +\infty} z_2 = \lim\limits_{t \to +\infty} z_3 = 0$。因此，在控制律式（5.41）和自适应律式（5.40）下，闭环系统是渐近稳定的，轨迹跟踪误差能收敛于零。

5.5　仿真分析

本节通过 MATLAB 仿真分析来验证所提出方法的有效性，以考虑驱动电机动力学特性后存在不匹配扰动的混联机构系统式（5.8）为被控对象进行仿真，样机参数见表 2.2，驱动电机参数见表 5.1，所选用的期望轨迹如式（2.7）所示。仿真时，考虑混联机构的模型误差、机构摩擦力和随机外部扰动以及电机模型误差和外部扰动等不确定性的影响，取混联机构

和驱动电机建模误差为标称模型的 10%，混联机构中的摩擦力 $\boldsymbol{B}_c$ 和 $\boldsymbol{F}_c$ 分别为

$$\boldsymbol{B}_c=\mathrm{diag}(1.5,1.5,1.5,1.5,2,2),\ \boldsymbol{F}_c=\mathrm{diag}(2,2,2,2,3,3) \tag{5.46}$$

随机外部扰动为

$$\tau_z=100\sin\left(\pi t+\frac{\pi}{2}\right),\ \tau_\beta=100\sin\left(\pi t+\frac{\pi}{2}\right) \tag{5.47}$$

驱动电机外部扰动为

$$\boldsymbol{d}_{2\mathrm{ex}}=2\sin\left(\pi t+\frac{\pi}{2}\right) \tag{5.48}$$

表 5.1　混联机构驱动电机参数

参数	滑块驱动电机	主动轮驱动电机
转矩系统 K_t	0.562 N·m/A	0.959 N·m/A
电感 L	2.87 mH	3.506 mH
等效电阻 R	1.638 Ω	0.655 Ω
反电动势因子 K_b	0.093 7	0.16
转换比 n	200π	20

为验证所提出的复合控制器的优势，选用传统的 Backstepping 控制（BC）和自适应反演滑模控制（ABSMC）两种控制器与其进行对比，三种控制器所选用的参数如下。

BC：$c_1=500\mathrm{diag}(1,1,1,1,1,1)$，$c_2=200\mathrm{diag}(1,1,1,1,1,1)$，$c_3=200\mathrm{diag}(1,1,1,1,1,1)$。

ABSMC：$\lambda=5$，$c_1=500\mathrm{diag}(1,1,1,1,1,1)$，$c_2=200\mathrm{diag}(1,1,1,1,1,1)$，$k=\mathrm{diag}(10,10,10,10,20,20)$，$h=\mathrm{diag}(5,5,5,5,10,10)$。

NDO-ABSMC：$\lambda=5$，$c_1=500\mathrm{diag}(1,1,1,1,1,1)$，$c_2=200\mathrm{diag}(1,1,1,1,1,1)$，$k=\mathrm{diag}(10,10,10,10,20,20)$，$h=\mathrm{diag}(5,5,5,5,10,10)$，$p_2=\mathrm{diag}(500,500,500,500,600,600)$，$p_3=\mathrm{diag}(150,150,150,150,200,200)$。

仿真时考虑以下两种情况。

情况 1：与传统的反演控制器相比，当 $t=12$ s 时，把系统受到的不确定性加到系统中，验证所提出的控制方法对不匹配扰动的抑制能力。图 5.2 所示为混联机构轨迹跟踪曲线。从图 5.2 可以得到，当 $t<12$ s 时系统不受扰动影响，在两种控制器作用下的滑块轨迹几乎重合；当 $t>12$ s 时系统受到不确定性影响，BC 不能跟踪给定轨迹，表明 BC 的鲁棒性差。

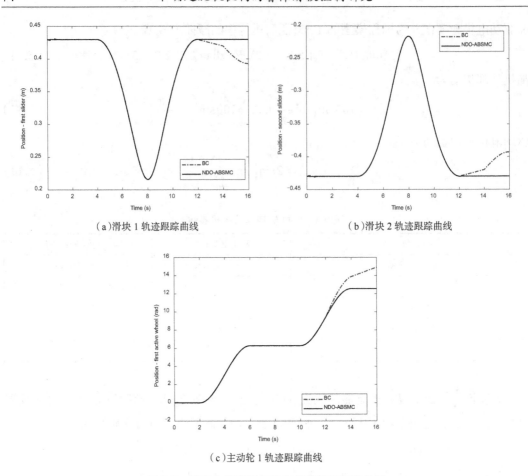

（a）滑块 1 轨迹跟踪曲线　　　　　　　　　（b）滑块 2 轨迹跟踪曲线

（c）主动轮 1 轨迹跟踪曲线

图 5.2　情况 1 下混联机构各关节轨迹跟踪曲线

　　情况 2：与无扰动观测器补偿的自适应反演滑模控制器相比，从一开始就把系统受到的不确定性加到系统中，验证所提出的 NDO-ABSMC 的有效性。图 5.3 所示为混联机构在 ABSMC 和 NDO-ABSMC 两种控制器作用下的轨迹跟踪误差曲线。从图 5.3 可以得到，ABSMC 和 NDO-ABSMC 都能跟踪上设定的期望轨迹，NDO-ABSMC 具有较小的轨迹跟踪误差。

　　图 5.4 所示为混联机构在 ABSMC 和 NDO-ABSMC 两种控制器作用下的驱动电机控制电压曲线。从图 5.4 可以得到，ABSMC 中的电机控制电压抖动比 NDO-ABSMC 大。图 5.5 和图 5.6 所示分别为非线性扰动观测器对扰动 d_1 和扰动 d_2 的扰动估计曲线，可以得到非线性扰动观测器能有效估计扰动，非线性扰动观测器的估计误差较小。

　　综合图 5.3 至图 5.6 可得，对存在不匹配扰动的混联机构系统，当系统引入非线性扰动观测器后，非线性扰动观测器对系统中的不匹配扰动进行精确估计和补偿，提高了系统的轨迹跟踪精度和鲁棒性，驱动电机控制电压较平滑，消弱了滑模控制抖振。

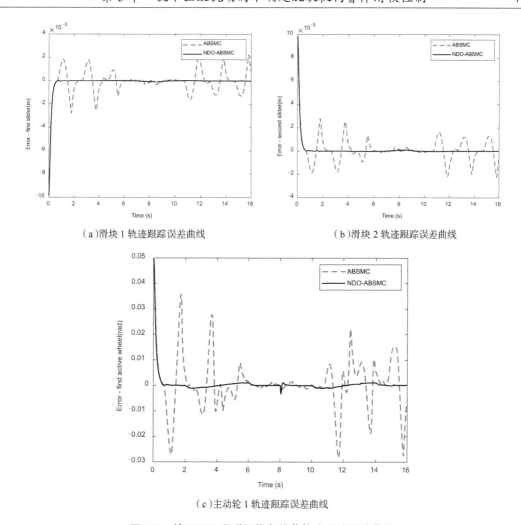

（a）滑块 1 轨迹跟踪误差曲线　　　　　　　　　（b）滑块 2 轨迹跟踪误差曲线

（c）主动轮 1 轨迹跟踪误差曲线

图 5.3　情况 2 下混联机构各关节轨迹跟踪误差曲线

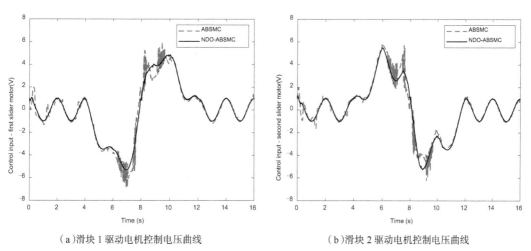

（a）滑块 1 驱动电机控制电压曲线　　　　　　　（b）滑块 2 驱动电机控制电压曲线

图 5.4　情况 2 下混联机构各关节驱动电机控制电压曲线

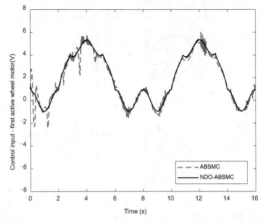

（c）主动轮 1 驱动电机控制电压曲线

图 5.4   情况 2 下混联机构各关节驱动电机控制电压曲线（续）

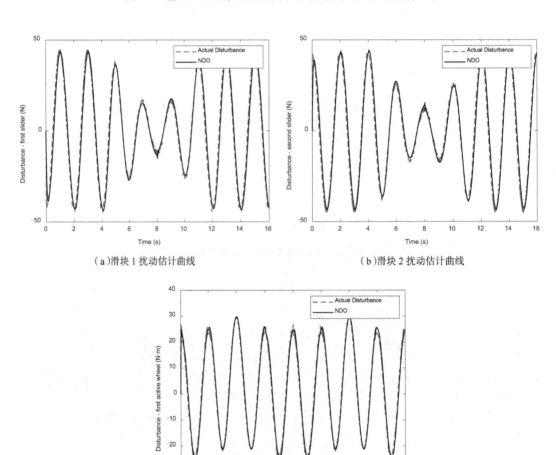

（a）滑块 1 扰动估计曲线   （b）滑块 2 扰动估计曲线

（c）主动轮 1 扰动估计曲线

图 5.5   情况 2 下混联机构各关节扰动估计曲线

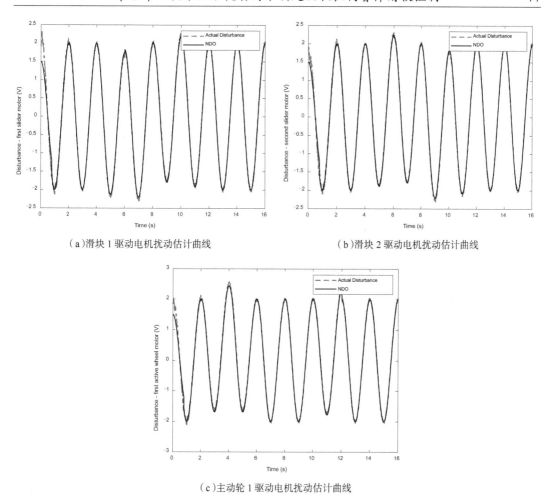

（a）滑块 1 驱动电机扰动估计曲线　　　　　　（b）滑块 2 驱动电机扰动估计曲线

（c）主动轮 1 驱动电机扰动估计曲线

图 5.6　情况 2 下混联机构各关节驱动电机扰动估计曲线

5.6　本章小结

　　本章针对考虑驱动电机动力学特性后存在不匹配扰动的混联机构轨迹跟踪控制问题，提出了一种抗不匹配扰动的不确定混联机构鲁棒滑模控制方法。首先，设计了非线性扰动观测器对系统中的不匹配扰动和匹配扰动进行估计。其次，采用反演滑模法设计了不确定混联机构系统控制器，提高系统的鲁棒性，基于 Lyapunov 稳定性理论设计虚拟控制律和控制律，采用非线性扰动观测器主动补偿不匹配扰动和匹配扰动。最后，在反演滑模控制器基础上设计自适应律对扰动估计误差进行估计，自适应动态调整切换增益，并理论证明系统的稳定性以及混联机构跟踪误差渐近收敛于零。仿真结果表明，所提出的抗不匹配扰动的鲁棒滑模控制方法能有效抑制系统中的不匹配扰动，轨迹跟踪性能优于自适应反演滑模控制方法，所设计的非线性扰动观测器能够准确估计系统受到的扰动，提高了系统的鲁棒性。

第 6 章 混联机构样机系统试验研究

6.1 引言

样机试验是检验控制系统可行性和控制算法有效性的必要途径,在国家自然科学基金和合作企业的支持下,完成了汽车电泳涂装输送用混联机构样机的研制。利用该样机可在实验室开展各种先进控制算法的研究,还可降低实际系统调试可能带来的风险和运行成本。

样机控制系统是机构稳定工作的核心,对机构运行的稳定性、轨迹跟踪精度有重要的影响。本章根据汽车电泳涂装输送装备的要求和特点,构建了一套"上位机 +UMAC 多轴运动控制器"开放式的控制系统。首先,介绍了样机控制系统中的工控机、UMAC、伺服驱动器、伺服电机、传感器、控制电路等硬件系统的构成;其次,给出了基于 UMAC 多轴控制器的控制系统软件开发过程;最后,分别对本书所提出的控制方法进行了试验研究,验证了本书所提出控制方法的正确性和有效性。

6.2 样机概述

汽车电泳涂装输送用混联机构样机如图 6.1 所示,主要包括机构和控制系统两部分。机构采用三维 Solidworks 设计,其中的底座、导轨、连杆、旋转铰链等都是自行设计加工的。在混联机构样机中,连杆由电动缸驱动,连杆运动由旋转铰链与电动缸具有的移动副组合实现;主动轮由伺服电机经减速器后驱动,主动轮与从动轮采用带传动。

样机的控制系统采用开放式结构,构建了 PC 机组成的应用层、UMAC 多轴运动控制卡组成的控制层、伺服系统组成的伺服层三层结构,其系统结构如图 6.2 所示。其中,应用层主要负责人机交互、设备运行状态监控、控制算法实现、参数设置、运行日志等;控制层以UMAC 控制系统为核心,主要负责伺服驱动器的控制、位置传感器的反馈、电气控制系统的逻辑控制等;伺服层主要负责伺服电机的驱动。应用层和控制层之间采用以太网实时交互,应用层将控制指令通过以太网实时传送给控制层,控制层将控制指令转化为伺服驱动器的控制电压,伺服电机带动机构的主动关节运动;同时,控制层采集机构位置信息和状态信息,并实时传送给应用层。

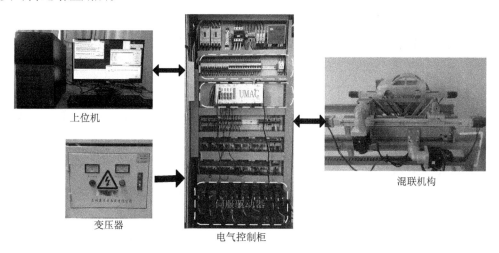

图 6.1　样机组成图

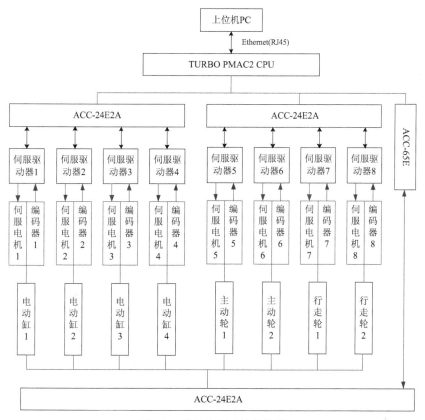

图 6.2　样机控制系统结构图

6.3 样机硬件设计

样机硬件主要包括上位机、UMAC 多轴控制器、伺服驱动系统、位置传感器、电动缸、电气控制系统等。

1. 上位机

样机控制系统中上位机采用的是 DELL 商用机,其 CPU 为 CORE i7-4790,内存容量为 8 GB,操作系统为 Windows 7。

2. UMAC 多轴控制器

控制层采用的是美国 Delta Tau 公司的 UMAC 多轴控制器, UMAC 功能强大,最大可控制 32 个轴,开放性好,用户可以根据需要修改其伺服算法以便于验证各种控制算法,主要包括主板卡、轴板卡、I/O 板卡、电源板卡,用户可根据需求将其配置成一个开放、灵活的多轴控制系统。根据混联机构样机控制的需求,选取 2 块 ACC-24E2A 轴板卡、1 块 ACC-65E I/O 板卡、1 块 ACC-E1 电源板卡。

主板卡选用美国 Delta Tau 公司 TURBO PMAC2 OPT-5 C0 型号的主板卡。该主板卡是一块独立架构 32 轴控制器,具有结构紧凑和性价比高等优点。它可通过以太网、USB、串口与 PC 通信,还可通过光纤与 UMAC MACRO 连接,最高具有 125 Mbit/s 的传输速率,可用于电流闭环或伺服闭环,方便用户自主选择基于光纤或双绞线的集中或分散控制。其主要性能参数如下: 80 MHz DSP56303 Turbo PMAC CPU, 256 kB × 24 SRAM 程序存储器, 1 MB × 8 Flash 用户存储, 单端 / 差分 DAC 通道, 2 个 12 位 ADC 通道, 直接的 I/O 接口, 独立的数字 PID 反馈滤波,PID 参数可随时任意改变,支持用户定义伺服算法。

轴板卡选用 ACC-24E2A OPT-1 A 附件板卡,该附件板卡提供四个板载 ± 10 V 的模拟通道。其主要性能参数如下:每个通道可用于速度、转矩、正弦整流 ± 10 V 模拟量指令信号。本样机共有 8 套伺服系统,采用力矩控制模式,选用 2 块该轴板卡。

I/O 板卡选用 ACC-65E 板卡,该板卡具有独立、自锁的共源极 24 输入 /24 输出。其主要性能参数如下: 24 个光电隔离输入,输入电压为 12~24 V; 24 个独立自锁共源极输出,每个输出高达 24 V DC,具有 600 mA 的连续电流和 1.2 A 的峰值电流。

电源板卡选用 ACC-E1 板卡,该板卡的主要性能参数如下:输入电压为 85~240 V;输出电压和电流组合为 +5 V、14 A,± 15 V、1.5 A;输出功率为 130 W。

3. 伺服驱动系统

伺服驱动系统的性能直接影响混联机构控制系统的性能。根据前面运动学与动力学分析得到设定轨迹下各主动关节的最大转速和转矩来选择驱动电机,行走机构、翻转机构选用中容量、中惯性型 HG-SR 系列伺服电机,升降机构选用小容量、低惯性型 HG-KR 系列伺服电机。与 HG-SR 与 HG-KR 系列伺服电机配套的伺服放大器型号为 MR-J4-A,根据电机功率大小选择对应功率的伺服放大器。MR-J4-A 型伺服放大器具备标准的脉冲序列指令接口及模拟电压输入指令接口,具有位置、速度、转矩三种控制模式,并可在位置、速度、转矩等各种控制模式间进行切换。其主要性能参数如下:最大输入脉冲频率为 4 MHz,速度控制范围为模拟速度指令 1 : 2 000,模拟量转矩指令输入为 DC 0 V~ ± 8 V。

　　4. 位置传感器

　　本样机采用 MR-J4 系列自带的 22 位高分辨率绝对位置编码器,绝对位置编码器每个位置具有唯一性,且抗干扰性和可靠性较高。其主要性能参数如下:每转的分辨率为4 194 304,速度响应为 2.5 kHz。

　　本样机采用型号为 LJ18 A3-8-Z/BY 的 PNP 型三线制接近开关,接近开关的信号经ACC-65E I/O 板卡采样后反馈给 UMAC 中的主板卡,保证样机在安全范围内运行。

　　5. 电动缸

　　本样机中的电动缸选用中国台湾 AIM 公司的 AIMS-25-400 型电动缸,该电动缸采用螺杆传动方式,最大行程为 400 mm,缸径为 25 mm,伺服电机采用直接安装方式,最大驱动功率为 400 W,螺杆等级为 C7,额定推力为 690 N,额定扭矩为 1.3 N·m,导程为 20 mm,重复定位精度为 ± 0.01 mm。

　　6. 电气控制系统

　　电气控制系统负责整个系统的供电、急停安全保护和状态指示灯控制、伺服系统控制等。整个系统的供电主要包括 UMAC 多轴运动控制器、工控机、电气回路控制所需的 24 V开关电源等。急停安全保护和状态指示灯控制包括急停开关、电源指示灯、运行状态、接近开关等电气回路。伺服系统控制包括 8 套伺服驱动器的供电和控制。

6.4　样机控制系统软件设计

　　控制系统软件是样机的核心,本样机控制系统软件根据“上位机 +UMAC”分布式结构的特点,采用分布式软件结构,包含上位机应用软件和 UMAC 控制软件。上位机应用软件是基于 Windows 系统的多任务实时应用软件,实现人机交互、状态监控、参数设置、算法与数值计算、数据管理、通信等功能。UMAC 控制软件主要负责伺服控制指令运算与发送、伺服驱动器运行状态反馈、机构安全保护、逻辑控制、上位机通信等。样机控制系统软件结构如图 6.3 所示。

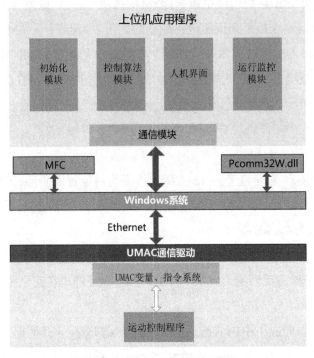

图 6.3　样机控制系统软件结构

6.4.1　上位机应用软件

Delta Tau 公司针对 UMAC 多轴运动控制器提供了二次开发的 Pcomm32W.dll 动态链接库,样机上位机应用软件是基于 Visual C++ 2010 开发的,主要包括人机界面、初始化模块、通信模块、控制算法模块、运行监控模块。本样机的人机界面如图 6.4 所示,该人机界面由左侧的功能模块栏、中间的机构运行状态监测栏、右侧的机构运动操作模块栏、下侧的电机位置和速度监测栏、底部的状态和报警栏组成。左侧的功能模块栏包括连接 UMAC、UMAC 初始化、断开 UMAC、程序下载、指令输入等操作按钮;右侧的机构运行操作模块栏包括机构急停、机构复位、参数整定、机构运行、退出系统等操作按钮。

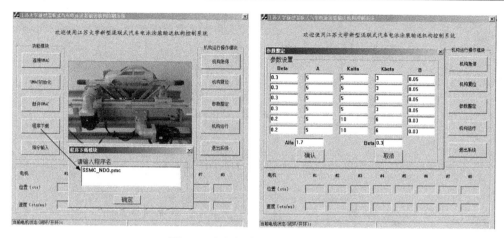

图 6.4　上位机应用软件人机界面

1. 初始化模块

初始化模块完成软件运行前的准备工作,主要完成人机界面的初始化、Pcomm32W.dll 动态链接库的加载、UMAC 初始化等,初始化流程如图 6.5 所示。

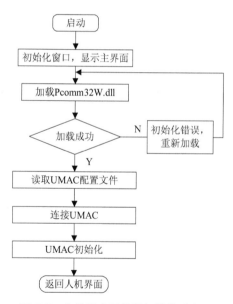

图 6.5　上位机应用软件初始化流程图

2. 通信模块

Delta Tau 公司提供了串口、USB、以太网等多种与上位机通信的方式。通信模块以 Pcomm32W.dll 动态链接库为基础编写。上位机与 UMAC 的通信流程如图 6.6 所示。

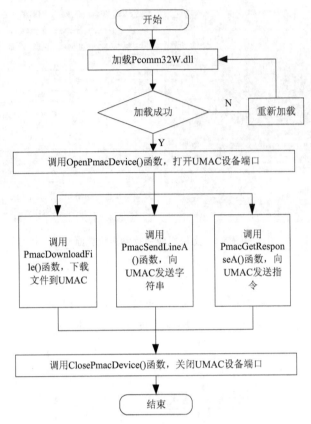

图 6.6　上位机与 UMAC 的通信流程图

3. 控制算法模块

　　控制算法模块的主要任务是根据系统所选择的控制算法计算出各主动关节驱动电机的控制量,然后发送给 UMAC,从而实现混联机构的控制。其主要步骤如下:首先,在上位机上基于 MATLAB/Simulink 仿真软件设计输送机构控制系统,仿真调试完后得到各控制算法的参数;然后,通过人机界面选择控制算法,设置机构运动位姿和控制器参数,根据 UMAC 反馈回来的各关节驱动电机编码器位置信息,计算各主动关节驱动电机的控制量;最后,将控制量通过通信模块发送给 UMAC, UMAC 接收到控制量指令后经 ACC-24E2A 板卡发送给伺服驱动器,实现对混联机构的控制,其流程图如图 6.7 所示。

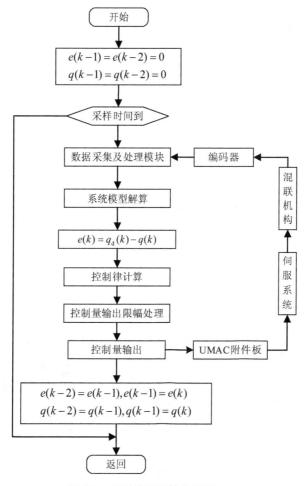

图 6.7　控制算法运算流程图

4. 运行监控模块

运行监控模块主要包含机构的运行、急停、复位、手动控制、安全保护、运行状态监视等功能。机构运行通过函数 PmacGetResponse( )实现。当运行过程中出现机构两侧运行不同步等故障时，UMAC 通过函数 PmacSendLine( )使样机实现紧急停车。机构复位是指让机构回到设定的零位,也是通过函数 PmacGetResponse( )实现。手动控制是指对机构的位置进行微调,在这种控制方式下,上位机应用软件将手动控制设定值转化为电机脉冲数,通过函数 GetProcAddress( )发送控制指令。运行状态监视是指通过在上位机中设定的多媒体定时器,在每个时刻向 UMAC 读取伺服系统中电机的速度、位置等参数,然后根据传动比转换后在人机界面上显示。

6.4.2 UMAC 控制软件

UMAC 提供了 Pewin32PRO2 应用软件来设置和操作 UMAC 运动控制器,利用该应用软件可设置、查询和访问 UMAC 中的变量,以及定义坐标系、控制程序和在线执行指令等,如图 6.8 所示。在 Pewin32PRO2 应用软件中将 UMAC 的 IP 地址设置为和上位机的 IP 地址相同,例如上位机 IP 地址为 192.6.94.8,则 UMAC IP 地址为 192.6.94.6。UMAC 为用户提供了 4 种可用变量,即 P、Q、M 和 I 变量,其中 P、Q 变量供用户在程序中使用,M 变量用于访问 I/O 端口和内存,I 变量用于设置电机参数、编码器参数、UMAC 参数。需要特别注意电机安全变量和电机激活变量。

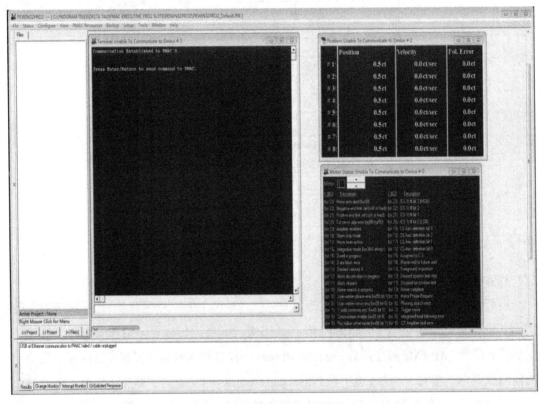

图 6.8　Pewin32PRO2 应用软件

6.5　试验研究

6.5.1　试验方案

为了验证本书所提出的控制方法的可行性和有效性,分别对结合非线性扰动观测器的鲁棒滑模控制方法、自适应全局鲁棒滑模控制方法、抗不匹配扰动的鲁棒滑模控制方法进行试验,试验中控制器的参数和仿真时采用的控制器参数一致,所采用的试验操作步骤如下。

（1）检查样机硬件接线是否正确连接,确定硬件接线正确、电源供电正常。

（2）闭合空开 QF0~QF9,启动电气控制柜上的“POWER ON”按钮,打开 UMAC 和上位机。

（3）启动上位机应用软件,对 UMAC 进行初始化,初始化完成后输入指令“Ctrl+A、HOMEZ1..8”,关闭所有通道,置电机当前位置为零。

（4）选择控制算法,根据 MATLAB 仿真得到的各种控制算法的参数设置参数,完成参数设置后,将控制算法下载到 UMAC 中。

（5）输入指令屏蔽 UMAC 自带的伺服控制算法。

（6）单击“开始运行”,开始控制算法试验,试验过程中观察机构运动情况,防止产生严重故障。

（7）机构运行结束后,单击“机构复位”按钮,使机构回到初始位置。

（8）通过 PmacPlot 软件采集各电机的位置、速度、跟踪误差等运行状态,绘制并分析机构运行轨迹图。

（9）试验结束后,退出并关闭上位机应用软件,按“POWER OFF”按钮,然后依次关闭伺服系统空开 QF1~QF8 和 QF0。

6.5.2　试验结果及分析

1. 结合非线性扰动观测器的鲁棒滑模控制方法试验结果

采用前面给出的试验方案进行试验,试验所用的设定轨迹和仿真一致,如式（2.7）所示。由于篇幅原因,本书仅给出在结合非线性扰动观测器的鲁棒滑模控制方法下样机运动过程中的位姿图,如图 6.9 所示。

从图 6.9 可以看到,当 $t=0$ 时机构处于初始状态,如图 6.9（a）所示;当 $t=4$ s 时白车身已经向前翻转 90°,如图 6.9（c）所示;当 $t=6$ s 时白车身向前翻转 180°,同时滑块向内运动使白车身向下运动,如图6.9(d)所示;当$t=8$ s时白车身向下运动到最底端,如图6.9(e)所示;当$t=10$ s时滑块向外运动,使白车身向上运动,如图6.9(f)所示;当$t=12$ s时白车身向上运动到初始位置,白车身翻转270°,如图6.9(g)所示;当$t=14$ s时白车身翻转360°,如图6.9(h)所示;当$t=16$ s时机构匀速运动一段时间,然后机构运动结束,如图6.9(i)所示。

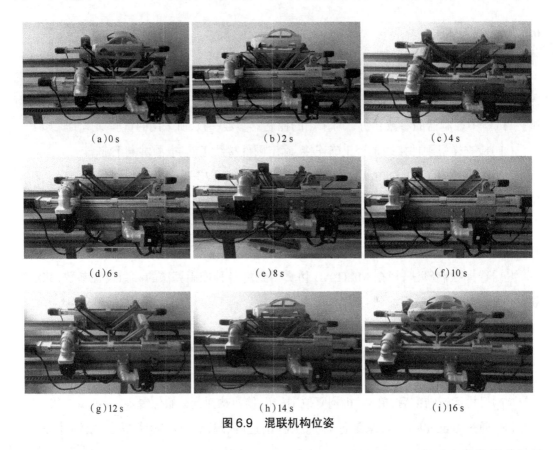

(a)0 s　　　　　　　(b)2 s　　　　　　　(c)4 s

(d)6 s　　　　　　　(e)8 s　　　　　　　(f)10 s

(g)12 s　　　　　　　(h)14 s　　　　　　　(i)16 s

图6.9　混联机构位姿

由于试验中无法直接测量白车身位姿,运动过程中只能通过电机位置编码器得到各主动关节电机的位置,经过表2.1所示的丝杠导程和主动轮传动比转换后得到各主动关节的轨迹跟踪误差。图6.10所示为混联机构采用结合非线性扰动观测器的鲁棒滑模控制方法的试验结果。图6.10(a)至(c)分别为滑块1、滑块2和主动轮1在结合非线性扰动观测器的鲁棒滑模控制方法作用下的轨迹跟踪误差曲线,可以看出滑块1的最大跟踪误差为0.006 4 m,滑块2的最大轨迹跟踪误差为0.005 8 m,主动轮1的最大轨迹跟踪误差为0.025 3 rad。通过与图3.6所示的仿真结果对比发现,由于没有考虑驱动电机动力学特性、建模误差、传感器测量噪声等因素,导致试验中该控制方法控制精度下降较多。

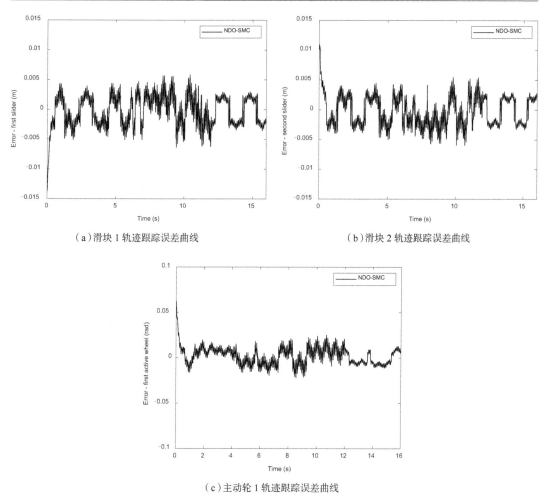

（a）滑块 1 轨迹跟踪误差曲线　　　　　　　　（b）滑块 2 轨迹跟踪误差曲线

（c）主动轮 1 轨迹跟踪误差曲线

图 6.10　结合非线性扰动观测器的鲁棒滑模控制试验结果

2. 自适应全局鲁棒滑模控制方法试验结果

采用前面给出的试验方案进行试验,试验所用的设定轨迹和仿真一致,如式（2.7）所示。混联机构的位姿和图 6.9 类似,图 6.11 所示为混联机构采用自适应全局鲁棒滑模控制方法的试验结果。图 6.11（a）至（c）分别为滑块 1、滑块 2 和主动轮 1 在自适应全局鲁棒滑模控制方法作用下的轨迹跟踪误差曲线,可以看出滑块 1 的最大轨迹跟踪误差为 0.003 5 m,滑块 2 的最大轨迹跟踪误差为 0.003 9 m,主动轮 1 的最大轨迹跟踪误差为 0.011 9 rad。通过与图 4.3 所示的仿真结果对比发现,同样由于没有考虑驱动电机动力学特性、建模误差、传感器测量噪声等因素,导致试验中该控制方法控制精度下降较多。

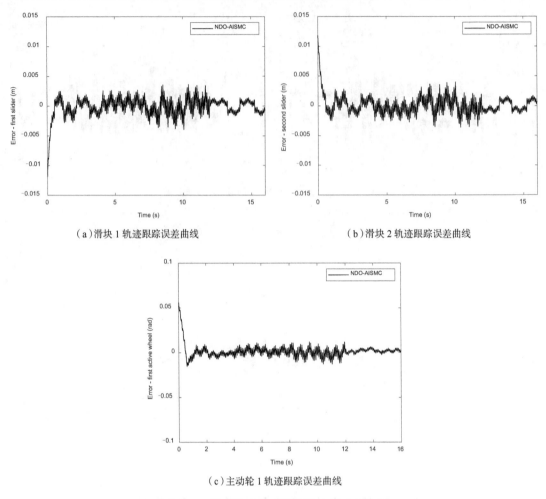

(a)滑块1轨迹跟踪误差曲线　　　　　　　　　　(b)滑块2轨迹跟踪误差曲线

(c)主动轮1轨迹跟踪误差曲线

图6.11　自适应全局鲁棒滑模控制试验结果

3. 抗不匹配扰动的鲁棒滑模控制方法试验结果

采用前面给出的试验方案进行试验,试验所用的设定轨迹和仿真一致,如式(2.7)所示。混联机构的位姿和图6.9类似,图6.12所示为混联机构采用抗不匹配扰动的鲁棒滑模控制方法的试验结果。图6.12(a)至(c)分别为滑块1、滑块2和主动轮1在抗不匹配扰动的鲁棒滑模控制方法作用下的轨迹跟踪误差曲线,可以看出滑块1的最大轨迹跟踪误差为0.001 4 m,滑块2的最大轨迹跟踪误差为0.001 3 m,主动轮1的最大轨迹跟踪误差为0.003 rad。通过与图5.3所示的仿真结果对比发现,由于模型误差、传感器测量噪声等因素导致控制精度下降,但该方法中考虑了驱动电机动力学特性,因此在试验中该控制方法控制精度下降相对较少。

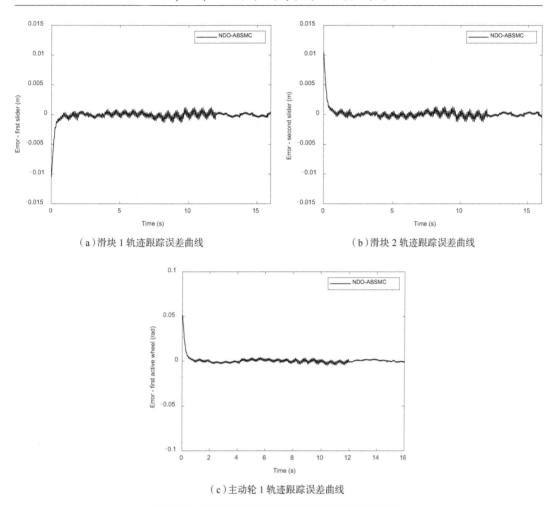

（a）滑块 1 轨迹跟踪误差曲线　　　　　　　　（b）滑块 2 轨迹跟踪误差曲线

（c）主动轮 1 轨迹跟踪误差曲线

图 6.12　抗不匹配扰动的鲁棒滑模控制试验结果

表 6.1 为汽车电泳涂装输送用混联机构在三种控制方法作用下的最大稳态误差和均方根误差。分析上面的试验结果可以得出,三种控制方法都能跟踪上设定的轨迹,抗不匹配扰动的鲁棒滑模控制方法在设计过程中考虑了混联机构系统中驱动电机动力学特性对系统控制性能的影响,较结合非线性扰动观测器的鲁棒滑模控制方法和自适应全局鲁棒滑模控制方法具有较优的综合性能。

表 6.1　混联机构在三种控制方法作用下各主动关节最大稳态误差和均方根误差

控制方法	最大稳态误差			均方根误差		
	NDO-SMC	NDO-AISMC	NDO-ABSMC	NDO-SMC	NDO-AISMC	NDO-ABSMC
滑块 1（m）	0.006 4	0.003 9	0.001 4	0.002 7	0.001 5	0.000 9
滑块 2（m）	0.005 8	0.003 5	0.001 3	0.002 6	0.001 6	0.001
主动轮 1（rad）	0.025 3	0.011 9	0.003	0.010 1	0.007 2	0.004 7

6.6　本章小结

　　本章完成了汽车电泳涂装输送用混联机构样机系统的软硬件设计及调试。首先,介绍了混联机构试验样机的组成和总体结构。其次,对混联机构样机控制系统中上位机、UMAC、伺服驱动系统、位置传感器、电动缸、电气控制部分等硬件进行了选型与设计。再次,介绍了样机控制系统的上位机应用软件和 UMAC 控制软件,采用 Visual C++ 2010 工具基于 UMAC 提供的 Pcomm32W.dll 动态链接库开发了上位机应用软件,详细介绍了上位机应用软件的控制流程和主要模块。最后,在构建的样机上对本书所提出的控制方法的正确性和有效性进行了试验验证,进一步验证了所提出的抗不匹配扰动的鲁棒滑模控制方法具有较优的综合性能。

第 7 章　总结与展望

7.1　内容总结

　　本书对不确定混联机构的鲁棒滑模控制方法进行了深入、细致的研究,并解决了不确定混联机构跟踪控制中存在的若干问题。本书所研究的不确定混联机构鲁棒滑模控制方法能够有效解决混联机构系统中存在的匹配扰动和不匹配扰动问题,采用理论分析、仿真试验、样机试验相结合的方法,提高了系统的鲁棒性,消弱了滑模控制抖振,使混联机构可以获得良好的控制性能,满足汽车电泳工艺对电泳涂装输送装备高性能的要求,为混联机构在汽车电泳涂装输送装备中的工程应用奠定理论基础。本书的主要贡献和结论如下。

　　(1)针对混联机构中存在较大不确定性易使滑模控制产生抖振,提出了一种结合非线性扰动观测器的不确定混联机构鲁棒滑模控制方法。其中,设计滑模控制器,保证系统在不确定性影响下的跟踪性能;设计无须不确定性缓慢变化限制的非线性扰动观测器,实现对混联机构中不确定性的准确估计和主动补偿,减小滑模控制的切换增益,在提高系统鲁棒性的同时,消弱滑模控制抖振。

　　(2)针对上述控制方法中未考虑到达阶段动态性能以及实际应用中不确定性上界信息难以得到的问题,提出了一种不确定混联机构的自适应全局鲁棒滑模控制方法。其中,设计有限时间积分滑模控制器,消除滑模控制的到达阶段,使混联机构系统在响应的全过程均具有鲁棒性;设计自适应规则动态调整滑模切换增益,避免对不确定性上界信息的先验要求,进一步消弱滑模控制抖振;引入非线性扰动观测器主动补偿系统中的不确定性,解决滑模切换增益存在过度适应问题,提高系统的鲁棒性和跟踪性能。该方法比结合非线性扰动观测器的鲁棒滑模控制方法跟踪精度高、效果好。

　　(3)上述两种控制方法很好地解决了不确定混联机构匹配扰动的问题,但未考虑驱动电机的动力学特性。针对考虑驱动电机动力学特性后混联机构系统中存在不匹配扰动的问题,提出了一种抗不匹配扰动的鲁棒滑模控制方法。其中,设计非线性扰动观测器,对系统中的不匹配扰动和匹配扰动进行准确观测;采用 Backstepping 控制方法和滑模控制方法,设计反演滑模控制器,在虚拟控制律和控制律中引入扰动观测器,主动补偿不匹配扰动和匹配扰动,提高系统的鲁棒性;设计自适应律动态调整切换增益,消弱滑模控制抖振,进一步提高系统的鲁棒性。

（4）构建了汽车电泳涂装输送用混联机构样机,完成了样机控制系统软硬件设计。基于样机系统对本书所提出的控制方法进行了试验研究。试验结果表明,与结合非线性扰动观测器的鲁棒滑模控制方法和自适应全局鲁棒滑模控制方法相比,抗不匹配扰动的鲁棒滑模控制方法具有较优的综合性能。

7.2　创新点

本书的主要创新点如下。

（1）针对混联机构中存在较大不确定性易使滑模控制产生抖振,提出了一种结合非线性扰动观测器的不确定混联机构鲁棒滑模控制方法,设计无须不确定性缓慢变化限制的非线性扰动观测器估计系统中的不确定性并主动补偿,在提高系统鲁棒性的同时,消弱滑模控制抖振。

（2）提出了一种不确定混联机构自适应全局鲁棒滑模控制方法,消除滑模控制的到达阶段,使系统在响应的全过程均具有鲁棒性,避免对不确定性上界信息的先验要求,进一步消弱滑模控制抖振,提高系统的跟踪性能。

（3）针对混联机构系统中存在不匹配扰动,提出了一种抗不匹配扰动的不确定混联机构鲁棒滑模控制方法,在虚拟控制律设计中引入非线性扰动观测器主动补偿不匹配扰动,提高系统的鲁棒性。

7.3　工作展望

本书对混联机构在不确定性影响下的鲁棒滑模控制方法进行了研究和探索,但仍然有待进一步研究的内容,具体如下。

（1）本书提出的控制方法是基于关节空间的,但是关节空间中存在各个关节的同步耦合、关节位置与末端平台位姿映射等误差。故需进一步开展混联机构基于任务空间的控制方法研究,研究基于视觉的机构末端平台位姿快速检测方法,进一步提高混联机构控制系统的综合性能。

（2）基于数据驱动的控制方法是当前的研究热点,已在无人驾驶系统、行走机器人中广泛应用。本书所设计的控制方法是基于传统控制理论的,下一步可针对混联机构开展基于深度强化学习的控制方法研究,使混联机构具备自适应学习能力,以适应不同应用环境。

参考文献

[1] 王田苗，陶永. 我国工业机器人技术现状与产业化发展战略 [J]. 机械工程学报，2014，50（9）：1-13.

[2] 刘辛军，谢福贵，汪劲松. 当前中国机构学面临的机遇 [J]. 机械工程学报，2015，51（13）：2-12.

[3] 张东胜. 过约束五自由度混联机器人机构设计理论研究 [D]. 秦皇岛：燕山大学，2018.

[4] 胡盛斌. 非线性多关节机器人系统滑模控制 [M]. 北京：国防工业出版社，2015.

[5] 刘辛军，陈祥，高国琴. 一种三自由度汽车涂装输送机：CN102817064 A[P]. 2012-12-12.

[6] 仇云杰，王立平，刘辛军，等. 一种汽车涂装立式输送机：CN101708490 A[P]. 2010-05-19.

[7] 李文刚，王路路. 电泳涂装线的悬挂式输送机 [J]. 汽车工艺与材料，2008（3）：31-34.

[8] 江苏长虹涂装机械有限公司. 电泳涂装输送机：CN200910210732.2[P]. 2010-04-28.

[9] 刘书杰，孙广丰. 积放式悬挂输送机在涂装（喷涂）线中的应用 [J]. 现代制造技术与装备，2018（8）：112-113.

[10] 邱昌胜，马彬，吴明锋，等. 水平摆杆链输送系统在汽车涂装上的应用 [J]. 现代涂料与涂装，2015，18（12）：50-55.

[11] 陈太平. 新型混联式汽车电泳涂装输送机构动力学建模及二阶滑模控制研究 [D]. 镇江：江苏大学，2016.

[12] 邹阳方，孙长春，曲志波，等. 多功能穿梭机在涂装线上的应用 [J]. 汽车工艺与材料，2008（5）：45-47.

[13] 徐权. 基于遗传算法优化的汽车电泳涂装输送用混联机构的分数阶 PID 控制 [D]. 镇江：江苏大学，2017.

[14] 张梦春. 结合非线性扰动观测器的新型混联式汽车电泳涂装输送机构同步滑模控制 [D]. 镇江：江苏大学，2017.

[15] 周辉辉. 基于时延估计的混联式汽车电泳涂装输送机构自适应滑模控制 [D]. 镇江：江苏大学，2018.

[16] 张军. 一种三转一移 4-RPTR 并联机构的运动学分析 [D]. 秦皇岛：燕山大学，2007.

[17] 丁泽华，董虎，王见，等. 五自由度混联机构运动学及工作空间分析 [J]. 东华大学学报（自然科学版），2019，45（1）：102-108.

[18] 潘国威，陈文亮，王珉. 应用于飞机装配的并联机构技术发展综述 [J]. 航空学报，2019，40（1）：272-288.

[19] WECK M, STAIMER D. Parallel kinematic machine tools：current state and future potentials[J]. CIRP annals-manufacturing technology, 2002, 51（2）：671-683.

[20] 张曙. 航空结构件加工的新一代数控机床：解读 Ecospeed 领悟机床设计之道 [J]. 金属加工（冷加工），2012（3）：2-5.

[21] 陈文家，王洪光，房立金，等. 并联机床的发展现状与展望 [J]. 机电工程，2001，4：5-9.

[22] PIERROT F, NABAT V, COMPANY O, et al. Optimal design of a 4-DOF parallel manipulator：from academia to industry[J]. IEEE transactions on robotics, 2009, 25（2）：213-224.

[23] Quattro 650H/HS [EB/OL]. https：//www.fa.omron.com.cn/products/family/3513/download/.

[24] 李长河，蔡光起. 并联机床发展与国内外研究现状 [J]. 青岛理工大学学报，2008（1）：7-13.

[25] 李强，闫洪波，张玉宝. 并联机床发展的历史、研究现状与展望 [J]. 机床与液压，2007（3）：206-209.

[26] 黄田，李曚，张大卫，等. 四自由度混联机器人：CN1439492[P]. 2003-09-03.

[27] 黄田，李曚，李占贤，等. 非对称空间五自由度混联机器人：CN1524662[P]. 2004-09-01.

[28] 黄田，汪满新，宋轶民，等. 五自由度混联机器人：CN102672709 A[P]. 2012-09-19.

[29] 汪满新. 一种五自由度混联机器人静柔度建模与设计方法研究 [D]. 天津：天津大学，2015.

[30] 仇洪根，刘辛军，王立平，等. 基于三自由度和四自由度并联机构的混联喷涂机器人：CN101966503 A [P]. 2011-02-09.

[31] 郭建烨. 三杆少自由度混联机床精度分析及相关问题的研究 [D]. 沈阳：东北大学，2009.

[32] 丁学恭. 机器人控制研究 [M]. 杭州：浙江大学出版社，2006.

[33] 牛雪梅. 新型 3-DOF 驱动冗余并联机构动力学建模及其滑模控制研究 [D]. 镇江：江苏大学，2014.

[34] 尚伟伟. 平面二自由度并联机器人的控制策略及其性能研究 [D]. 合肥: 中国科学技术大学, 2008.

[35] 黄昔光, 黄旭. 利用共形几何代数的平面并联机构位置正解求解方法 [J]. 西安交通大学学报, 2018, 52(3):76-82.

[36] ABBASNEJAD G, DANIALI H M, FATHI A. Closed form solution for direct kinematics of a 4PUS+1PS parallel manipulator[J]. Scientia iranica, 2012, 19(2): 320-326.

[37] 耿明超, 赵铁石, 王唱, 等. 基于拟 Newton 法的并联机构位置正解 [J]. 机械工程学报, 2015, 51(9): 28-36.

[38] KÖKER R. A genetic algorithm approach to a neural-network-based inverse kinematics solution of robotic manipulators based on error minimization[J]. Information sciences, 2013, 222: 528-543.

[39] ZHANG D, LEI J H. Kinematic analysis of a novel 3-DOF actuation redundant parallel manipulator using artificial intelligence approach[J]. Robotics & computer integrated manufacturing, 2011, 27(1):157-163.

[40] ROKBANI N, ALIMI A M . Inverse kinematics using particle swarm optimization, a statistical analysis[J]. Procedia engineering, 2013, 64:1602-1611.

[41] 吴小勇, 谢志江, 宋代平, 等. 基于改进蚁群算法的 3-PPR 并联机构位置正解研究 [J]. 农业机械学报, 2015, 46(7):339-344.

[42] 季晔, 刘宏昭, 原大宁, 等. 并联机构位置正解方法研究 [J]. 西安理工大学学报, 2010, 26(3): 277-281.

[43] 王启明, 苏建, 隋振, 等. 一种新型冗余驱动并联机构位姿正解研究 [J]. 机械工程学报, 2019, 55(9):40-47.

[44] SAAFI H, LARIBI M A, ZEGHLOUL S. Forward kinematic model improvement of a spherical parallel manipulator using an extra sensor[J]. Mechanism and machine theory, 2015, 91:102-119.

[45] 刘艳梨, 程世利, 蒋素荣, 等. 带位移传感器的 6-UPS 并联机构运动学正解 [J]. 机械工程学报, 2018, 54(5):1-7.

[46] SOKOLOV A, XIROUCHAKIS P. Dynamics analysis of a 3-DOF parallel manipulator with R-P-S jiont stucture[J]. Mechanism and machine theory, 2007, 42:541-557.

[47] 牛雪梅, 高国琴, 刘辛军, 等. 三自由度驱动冗余并联机构动力学建模与试验 [J]. 农业工程学报, 2013, 29(16): 31-41.

[48] 山显雷, 程刚. 考虑关节摩擦的 3SPS+1PS 并联机构显式动力学建模研究 [J]. 机械工

程学报, 2017, 53(1): 28-35.

[49] ZHANG X C, ZHANG X M, CHEN Z. Dynamic analysis of a 3-RRR parallel mechanism with multiple clearance joints[J]. Mechanism and machine theory, 2014, 78(78): 105-115.

[50] WANG J S, WU J, WANG L P, el at. Simplified strategy of the dynamic model of a 6-UPS parallel kinematic machine for real-time control[J]. Mechanism and machine theory, 2007, 42(9): 1119-1140.

[51] 郝齐. 一种两自由度并联机构优化设计及动力学控制研究 [D]. 北京: 清华大学, 2011.

[52] THANH T D, KOTLARSKI J, HEIMANN B, et al. Dynamics identification of kinematically redundant parallel robots using the direct search method[J]. Mechanism and machine theory, 2012, 52: 104-121.

[53] 牛雪梅, 高国琴, 刘辛军, 等. 新型驱动冗余并联机构动力学建模及简化分析 [J]. 机械工程学报, 2014, 50(19): 41-49.

[54] 张国英, 姜浩, 张涛, 等. 三自由度类球面并联机构的动力学建模及分析 [J]. 广东工业大学学报, 2018, 35(6): 24-30.

[55] 宋轶民, 金雪莹, 梁栋, 等. 两类平面并联机构凯恩动力学建模与比较研究 [J]. 天津大学学报(自然科学与工程技术版), 2019, 52(2): 173-182.

[56] 陈群凯. 基于凯恩方法的并联稳定平台动力学分析 [D]. 哈尔滨: 哈尔滨工程大学, 2018.

[57] 杨永刚. 并联机器人关键技术的研究 [D]. 哈尔滨: 哈尔滨工业大学, 2008.

[58] 梁顺攀. 五自由度冗余驱动并联机构性能分析与力位混合控制研究 [D]. 秦皇岛: 燕山大学, 2013.

[59] 张浩栋. 考虑运动副间隙影响的平面并联机构动力学研究 [D]. 广州: 华南理工大学, 2019.

[60] 杨会, 房海蓉, 方跃法. 一种新型并联灌注机器人动力学分析与仿真 [J]. 中南大学学报(自然科学版), 2019, 50(9): 2118-2127.

[61] 杨小龙. 六自由度并联机器人运动学、动力学与主动振动控制研究 [D]. 南京: 南京航空航天大学, 2018.

[62] GALLARDO-ALVARADO J, CARLOS R, CASIQUE-ROSAS L, et al. Kinematics and dynamics of 2(3-RPS) manipulators by means of screw theory and the principle of virtual work[J]. Mechanism and machine theory, 2008, 43(10): 1281-1294.

[63] RAOOFIAN A, ALI K E, TAGHVAEIPOUR A. Forward dynamic analysis of parallel ro-

bots using modified decoupled natural orthogonal complement method[J]. Mechanism and machine theory, 2017, 115(1):197-217.

[64] 宋振东. 考虑运动副间隙的平面并联机构动力学与控制研究 [D]. 哈尔滨: 哈尔滨工业大学, 2017.

[65] KHAN W A, TANG C P, KROVI V N. Modular and distributed forward dynamic simulation of constrained mechanical systems: a comparative study[J]. Mechanism and machine theory, 2007, 42(5):558-579.

[66] 高国琴, 黄敏, 方志明, 等. 新型混联机构结合扰动观测器的滑模控制 [J]. 信息技术, 2017(5):79-84.

[67] 皮阳军, 王宣银, 李强, 等. 基于干扰观测器的舰船运动模拟器非线性控制 [J]. 机械工程学报, 2010, 46(10): 164-169.

[68] MILETOVIĆ I, POOL D M, STROOSMA O, et al. Improved Stewart platform state estimation using inertial and actuator position measurements[J]. Control engineering practice, 2017, 62:102-115

[69] PI Y J, WANG X Y. Observer-based cascade control of a 6-DOF parallel hydraulic manipulator in joint space coordinate[J]. Mechatronics, 2010, 20(6): 648-655.

[70] HAO R J, WANG J Z, ZHAO J B, et al. Observer-based robust control of 6-DOF parallel electrical manipulator with fast friction estimation[J]. IEEE transactions on automation science and engineering, 2016, 13(3): 1399-1408.

[71] MERLET J P. Parallel robots[M]. Berlin: Springer, 2008.

[72] DASGUPTA B, MRUTHYUNJAYA T S. The Stewart platform manipulator: a review[J]. Mechanism and machine theory, 2000, 35(1): 15-40.

[73] WANG L P, WU J, WANG J S. Dynamic formulation of a planar 3-DOF parallel manipulator with actuation redundancy[J]. Robotics and computer-integrated manufacturing, 2010, 26(1): 67-73.

[74] 严琴. 基于神经网络的自适应反演控制在并联机器人中的应用 [D]. 镇江: 江苏大学, 2010.

[75] PATEL Y D, GEORGE P M. Parallel manipulators applications: a survey[J]. Modern mechanical engineering, 2012, 2(3): 57-64.

[76] SHANG W W, CONG S, LI Z X, et al. Augmented nonlinear PD controller for a redundantly actuated parallel manipulator[J]. Advanced robotics, 2009, 23(12): 1725-1742.

[77] 丛爽, 尚伟伟. 并联机器人:建模、控制优化与应用 [M]. 北京: 电子工业出版社, 2010.

[78] KIM D H, KANG J Y, LEE K I. Robust tracking control design for a 6 DOF parallel manipulator[J]. Journal of robotic systems, 2000, 17(10): 527-547.

[79] SHANG W W, CONG S. Nonlinear computed torque control for a high speed planar parallel manipulator[J]. Mechatronics, 2009, 19(6): 987-992.

[80] HUANG Y, POOL D M, STROOSMA O, et al. A review of control schemes for hydraulic Stewart platform flight simulator motion systems[C]// AIAA modeling and simulation technologies conference. Reston: AIAA, 2016: 1-16.

[81] FURQAN M, SUHAIB M, AHMAD N. Studies on Stewart platform manipulator: a review[J]. Journal of mechanical science and technology, 2017, 31(9):4459-4470.

[82] BAIG R U, PUGAZHENTHI S. Neural network optimization of design parameters of Stewart platform for effective active vibration isolation[J]. Journal of engineering and applied sciences, 2014, 9(4): 78-84.

[83] SU Y X, SUN D, REN L, et al. Integration of saturated PI synchronous control and PD feedback for control of parallel manipulators[J]. IEEE transactions on robotics, 2006, 22(1):202-207.

[84] 刘霞, 单宁. 3-RRR 平面并联机构模糊 PID 控制系统研究 [J]. 机械科学与技术, 2018, 37(6): 854-858.

[85] TIEN D, HEE-JUN K, YOUNG-SOO S, et al. An online self-gain tuning method using neural networks for nonlinear PD computed torque controller of a 2-DOF parallel manipulator[J]. Neurocomputing, 2013, 116: 53-61.

[86] KHOSRAVI M A, TAGHIRAD H D. Robust PID control of fully-constrained cable driven parallel robots[J]. Mechatronics, 2014, 24(2): 87-97.

[87] YANG C F, HUANG Q T, JIANG H Z, et al. PD control with gravity compensation for hydraulic 6-DOF parallel manipulator[J]. Mechanism and machine theory, 2010, 45(4): 666-677.

[88] 高国琴, 徐权, 方志明. 汽车电泳涂装输送用混联机构的分数阶 PID 控制 [J]. 机械设计与制造, 2019(2):70-74.

[89] 李永泉, 吴鹏涛, 张阳, 等. 球面二自由度冗余驱动并联机器人系统动力学参数辨识及控制 [J]. 中国机械工程, 2019, 30(16):1967-1975.

[90] BAYRAM A. Trajectory tracking of a planer parallel manipulator by using computed force control method[J]. Chinese journal of mechanical engineering, 2017, 30(2):449-458.

[91] YANG Z Y, WU J, MEI J P. Motor-mechanism dynamic model based neural network op-

timized computed torque control of a high speed parallel manipulator[J]. Mechatronics, 2007, 17(7):381-390.

[92] JORGE A, JUAN C A, CARLOS A, et al. An extension of computed-torque control for parallel robots in ankle reeducation[J]. IFAC-PapersOnLine, 2019, 52(11):1-6.

[93] SHANG W W, CONG S, GE Y. Adaptive computed torque control for a parallel manipulator with redundant actuation[J]. Robotica, 2012, 30(3):457-466.

[94] ZHOU K M. On the parameterization H_∞ controllers[J]. IEEE transactions on automatic control, 1992, 37(9):1442-1446.

[95] GLOVER K, MCFARLANE D. Robust stabilization of normalized coprime factor plant descriptions[J]. IEEE transactions on automatic control, 1990, 34(8):821-830.

[96] FAN M, TITS A, DOYLE J. Robustness in the presence of mixed parametric uncertainty and unmodeled dynamics[J]. IEEE transactions on automatic control, 1991, 36(1): 25-38.

[97] 申铁龙. 机器人鲁棒控制基础 [M]. 北京：清华大学出版社,2000.

[98] 刘海涛. 工业机器人的高速高精度控制方法研究 [D]. 广州：华南理工大学, 2012.

[99] DMITRII D, SERGEY K, ALEXEI M. Robust control system for parallel kinematics robotic manipulator[J]. IFAC-PapersOnLine, 2018, 51(22):62-66.

[100] CHEN D C, LI S, LIN F-J, et al. New super-twisting zeroing neural-dynamics model for tracking control of parallel robots: a finite-time and robust solution[J]. IEEE transactions on cybernetics, 2020,50(6):2651-2660.

[101] ZHAO C, YU C G, YAO J Y. Dynamic decoupling based robust synchronous control for a hydraulic parallel manipulator[J]. IEEE access, 2019, 7: 30548-30562.

[102] 王会明. 运动控制系统的抗干扰控制理论与应用研究 [D]. 南京：东南大学, 2016.

[103] KIM H S, CHO Y M, LEE K. Robust nonlinear task space control for 6 DOF parallel manipulator[J]. Automatica, 2005, 41(9):1591-1600.

[104] LIN W Y, LI B, YANG X J, et al. Modelling and control of inverse dynamics for a 5-DOF parallel kinematic polishing machine[J]. International journal of advanced robotic systems, 2013, 10(8):10-18.

[105] 王启明, 苏建, 高大威, 等. 冗余驱动并联机构动力学模型 TVC 优化 H_∞ 鲁棒控制 [J]. 农业机械学报, 2019, 50(5):403-412.

[106] 刘金琨. 机器人控制系统的设计与 MATLAB 仿真 [M]. 北京：清华大学出版社, 2016.

[107] CONG S, SHANG W W. Dexterity and adaptive control of planar parallel manipulators with and without redundant actuation[J]. ASME journal of computational and nonlinear dynamics, 2015, 10（1）: 011002.

[108] LE Q D, KANG H J, LE T D. Adaptive extended computed torque control of 3 DOF planar parallel manipulators using neural network and error compensator: lecture notes in computer science[C]. Berlin: Springer, 2016.

[109] 李强, 王宣银, 程佳. Stewart 液压平台轨迹跟踪自适应滑模控制 [J]. 浙江大学学报（工学版）, 2009, 43(6): 1124-1128.

[110] JING Z, SCHUELLER J K. Adaptive backstepping control for parallel robot with uncertainties in dynamics and kinematics[J]. Robotica, 2014, 32(6): 1-24.

[111] MOJTABA E, MAHDI E, HOSSEIN K. Neuro-fuzzy adaptive control of a revolute Stewart platform carrying payloads of unknown inertia[J]. Robotica, 2015, 33(9): 2001-2024.

[112] ZHANG H Q, FANG H R, ZOU Q, et al. Dynamic modeling and adaptive robust synchronous control of parallel robotic manipulator for industrial application[J]. Complexity, 2020(11): 1-23.

[113] 王立玲, 王洪瑞, 肖金壮, 等. 并串联稳定平台动力学建模与自适应控制 [J]. 中南大学学报（自然科学版）, 2013, 44(S1): 115-118.

[114] KOESSLER A, BOUTON N, BRIOT S, et al. Linear adaptive computed torque control for singularity crossing of parallel robots: ROMANSY 22-robot design, dynamics and control[C]. Berlin: Springer, 2019.

[115] 刘金琨. 滑模变结构控制 MATLAB 仿真: 基本理论与设计方法 [M]. 北京: 清华大学出版社, 2015.

[116] AHN K K, ANH H P H. Design and implementation of an adaptive recurrent neural networks（ARNN）controller of the pneumatic artificial muscle（PAM）manipulator[J]. Mechatronics, 2009, 19(6): 816-828.

[117] CHEN H Z, WO S L. RBF neural network of sliding mode control for time-varying 2-DOF parallel manipulator system[J]. Mathematical problems in engineering, 2013(4): 1-10.

[118] 梁宇斌, 梁桥康, 吴贵元, 等. 3RPS/UPS 并联机器人神经网络观测器反演控制 [J]. 计算机工程与应用, 2019, 55(4): 255-262.

[119] 庄景灿. 二自由度并联机器人的模糊免疫 PID 控制研究 [D]. 镇江: 江苏大学, 2009.

[120] SANG D H, HAN C H. Fuzzy PID control of six degrees of freedom parallel manipulators in electro hydraulic servo system[J]. Lecture notes in electrical engineering, 2014, 238:1971-1981.

[121] CHU Z Y, CUI J, SUN F C. Fuzzy adaptive disturbance-observer-based robust tracking control of electrically driven free-floating space manipulator[J]. IEEE systems journal, 2014, 8(2):343-352.

[122] CHANG M-K, LIOU J-J, CHEN M-L. T-S fuzzy model-based tracking control of a one-dimensional manipulator actuated by pneumatic artificial muscles[J]. Control engineering practice, 2011, 19(12): 1442-1449.

[123] PRIETO P J, CAZAREZ-CASTRO N R, AGUILAR L T, et al. Fuzzy slope adaptation for the sliding mode control of a pneumatic parallel platform[J]. International journal of fuzzy systems, 2017, 19(1): 167-178.

[124] SLOTINE J J, SASTRY S S. Tracking control of nonlinear systems using sliding surfaces[J]. International journal of control, 1983, 38(2):465-492.

[125] KIM N I, LEE C W. High speed tracking control of Stewart platform manipulator via enhanced sliding mode control[C]// IEEE international conference on robotics & automation, 1998.

[126] 王宣银, 程佳. 4TPS-1PS 四自由度并联电动平台动力学建模与位姿闭环鲁棒控制 [J]. 浙江大学学报(工学版), 2009, 43(8): 1492-1496.

[127] 高国琴, 郑海滨. 虚拟轴机床并联机构的自适应动态滑模运动控制 [J]. 机械工程学报, 2012, 48(11): 119-125.

[128] 高国琴, 范杜娟, 方志明. 汽车电泳涂装输送用新型混联机构的动力学控制 [J]. 中国机械工程, 2016, 27(8): 1012-1018.

[129] PERRUQUETTI W, BARBOT J P. Sliding mode control in engineering[M]. New York: CRC Press, 2002.

[130] UTKIN V, GULDNER J, SHI J. Sliding mode control in electro-mechanical systems[M]. London: CRC Press, 2009.

[131] 管成, 潘双夏. 含有非线性不确定参数的电液系统滑模自适应控制 [J]. 控制理论与应用, 2008(2): 261-267.

[132] LIU J K, SUN F C. Research and development on theory and algorithms of sliding mode control [J]. Control theory & application, 2007, 24(3):407-418.

[133] PARK K B, LEE J J. Sliding mode controller with filtered signal for robot manipulators

using virtual plant/controller[J]. Mechatronics, 1997, 7(3):277-286.

[134] VAN-TRUONG N, LIN C-Y, SU S-F, et al. Adaptive chattering free neural network based sliding mode control for trajectory tracking of redundant parallel manipulators[J]. Asian journal of control, 2019, 21(2): 908-923.

[135] XU J, WANG Q, LIN Q. Parallel robot with fuzzy neural network sliding mode control[J]. Advances in mechanical engineering, 2018, 10(10):17-24.

[136] LIU S W, PENG G L, GAO H J. Dynamic modeling and terminal sliding mode control of a 3-DOF redundantly actuated parallel platform[J]. Mechatronics, 2019, 60: 26-33.

[137] RAMESH K, ASIF C, BANDYOPADHYAY B. Smooth integral sliding mode controller for the position control of Stewart platform[J]. ISA transactions, 2015, 58: 543-551.

[138] 黄敏. 新型混联式汽车电泳涂装输送机构结合扰动观测器的滑模控制 [D]. 镇江: 江苏大学, 2016.

[139] 高国琴, 周辉辉, 方志明. 混联式汽车电泳涂装输送机构的时延估计自适应滑模控制 [J]. 汽车工程, 2018, 40(12):1405-1412.

[140] ZHAO J S, WANG Z P, YANG T, et al. Design of a novel modal space sliding mode controller for electro-hydraulic driven multi-dimensional force loading parallel mechanism[J]. ISA transactions, 2020, 99: 374-386.

[141] 王海燕. 基于观测器的非线性高阶滑模电液位置鲁棒控制研究 [J]. 中国工程机械学报, 2019, 17(2): 134-140.

[142] TRAN D T, BA D X, AHN K K. Adaptive backstepping sliding mode control for equilibrium position tracking of an electrohydraulic elastic manipulator[J]. IEEE transactions on industrial electronics, 2020, 67(5): 3860-3869.

[143] 孙海滨. 高超声速飞行器系统的非线性控制方法研究 [D]. 南京: 东南大学, 2013.

[144] 席雷平, 陈自力, 齐晓慧. 基于非线性干扰观测器的机械臂自适应反演滑模控制 [J]. 信息与控制, 2013, 42(4):470-477.

[145] CHEN S H, FU L C. Observer-based backstepping control of a 6-DOF Parallel hydraulic manipulator[J]. Control engineering practice, 2015, 36:100-112.

[146] 李成刚, 崔文, 尤晶晶, 等. 多连杆柔性关节机器人的神经网络自适应反演控制 [J]. 上海交通大学学报, 2016, 50(7):1095-1101.

[147] CHEN N J, SONG F Z, LI G P, et al. An adaptive sliding mode backstepping control for the mobile manipulator with nonholonomic constraints[J]. Communications in nonlinear science and numerical simulation, 2013, 18(10):2885-2899.

[148] CHEN W H, YANG J, GUO L, et al. Disturbance observer-based control and related methods: an overview [J]. IEEE transactions on industrial electronics, 2016, 63(2): 1083-1095.

[149] JOHNSON C D. Optimal control of the linear regulator with constant disturbances[J]. IEEE transactions on automatic control, 1968, 13(4):416-421.

[150] KWON S J, CHUNG W K. A discrete-time design and analysis of perturbation observer for motion control applications[J]. IEEE transactions on control systems technology, 2003, 11(3):399-407.

[151] SHE J H, XIN X, PAN Y. Equivalent-input-disturbance approach: analysis and application to disturbance rejection in dual-stage feed drive control system[J]. IEEE/ASME transactions on Mechatronics, 2011, 16(2): 330-340.

[152] 韩京清. 一类不确定对象的扩张状态观测器 [J]. 控制与决策, 1995(1):85-88.

[153] ZHONG Q C, KUPERMAN A, STOBART R K. Design of UDE-based controllers from their two-degree-of-freedom nature [J]. International journal of robust & nonlinear control, 2011, 21(17):1994-2008.

[154] CHEN W H, BALLANCE D J, GAWTHROP P J, et al. A nonlinear disturbance observer for robotic manipulators[J]. IEEE transactions on industrial electronics, 2000, 47(4): 932-938.

[155] SIRA-RAMIREZ H, OLIVER-SALAZAR M A. On the robust control of buck-converter DC-motor combinations[J]. IEEE transactions on power electronics, 2013, 28(8): 3912-3922.

[156] OHISHI K, OHNISHI K, MIYACHI K. Torque-speed regulation of DC motor based on load torque estimation[C]// Proceedings of JIEE/international power electronics conference. IEEE, 1983:1209-1216.

[157] CHEN W H. Nonlinear disturbance observer-enhanced dynamic inversion control of missiles[J]. Journal of guidance, control, and dynamics, 2003, 26(1):161-166.

[158] PI Y J, WANG X Y. Trajectory tracking control of a 6-DOF hydraulic parallel robot manipulator with uncertain load disturbances[J]. Control engineering practice, 2011, 19 (2):185-193.

[159] MOHAMMADI A, TAVAKOLI M, MARQUEZ H J, et al. Nonlinear disturbance observer design for robotic manipulators[J]. Control engineering practice, 2013, 21(3): 253-267.

[160] SINGH Y, SANTHAKUMAR M. Inverse dynamics and robust sliding mode control of a planar parallel（2-PRP and 1-PPR）robot augmented with a nonlinear disturbance observer[J]. Mechanism and machine theory，2015，92：29-50.

[161] AI Q S, ZHU C X, ZUO J, et al. Disturbance-estimated adaptive backstepping sliding mode control of a pneumatic muscles-driven ankle rehabilitation robot[J]. Sensors，2018，18（1）：66-86.

[162] LI S H, YANG J, CHEN W H, et al. Disturbance observer-based control methods and applications [M]. London：CRC Press，2014.

[163] YANG J, CHEN W H, LI S H, et al. Disturbance/uncertainty estimation and attenuation techniques in PMSM drives：a survey[J]. IEEE transactions on industrial electronics，2016，64（4）：1-12.

[164] LI Z, SUN J. Disturbance compensating model predictive control with application to ship heading control[J]. IEEE transactions on control systems technology，2012，20（1）：257-265.

[165] LIU X G, SUN H B, SHAN J Y. Composite anti-disturbance autopilot design for missile system with angle constraint[C]// IECON 2017-43rd annual conference of the IEEE industrial electronics society. Piscataway：IEEE，2017：6065-6070.

[166] YANG J, ZHAO Z H, LI S H, et al. Nonlinear disturbance observer enhanced predictive control for airbreathing hypersonic vehicles[C]// Proceedings of the 33rd Chinese control conference. Piscataway：IEEE，2014：3668-3673.

[167] LIU C J, CHEN W H. Disturbance rejection flight control for small fixed-wing unmanned aerial vehicles[J]. Journal of guidance，control，and dynamics，2016，39（12）：2804-2814.

[168] 肖松，吴云洁，刘晓东. 基于干扰观测器的飞行仿真转台全局滑模控制方法 [J]. 信息与控制，2014，43（4）：411-416.

[169] CHEN M, CHEN W H. Sliding mode control for a class of uncertain nonlinear system based on disturbance observer[J]. International journal of adaptive control and signal processing，2010，24（1）：51-64.

[170] 高超. 几类系统的积分滑模控制问题的研究 [D]. 青岛：中国海洋大学，2013.

[171] LEE Y, SANG H K, CHUNG C C. Integral sliding mode control with a disturbance observer for next-generation servo track writing[J]. Mechatronics，2016，40：106-114.

[172] CONG B L, CHEN Z, LIU X D. Disturbance observer-based adaptive integral sliding

mode control for rigid spacecraft attitude maneuvers[J]. Proceeding of the institution of mechanical engineers part G: journal aerospace engineering, 2013, 227(10): 1660-1671.

[173] 耿洁, 刘向东, 盛永智, 等. 飞行器再入段最优自适应积分滑模姿态控制 [J]. 宇航学报, 2013, 34(9):1215-1223.

[174] CASTANOS F, FRIDMAN L. Analysis and design of integral sliding manifolds for systems with unmatched perturbations[J]. IEEE transactions on automatic control, 2006, 51(5):853-858.

[175] ZHANG J H, LIU X W, XIA Y Q, et al. Disturbance observer-based integral sliding-mode control for systems with mismatched disturbances[J]. IEEE transactions on industrial electronics, 2016, 63(11):7040-7048.

[176] 王鹏飞, 王洁, 时建明, 等. 非线性干扰观测器的高超声速飞行器鲁棒反演控制 [J]. 火力与指挥控制, 2017, 42(8):123-127.

[177] LIU S Y, LIU Y C, WANG N. Nonlinear disturbance observer-based backstepping finite-time sliding mode tracking control of underwater vehicles with system uncertainties and external disturbances[J]. Nonlinear dynamics, 2016, 88(1):1-12.

[178] LAN Y H, LEI Z. Backstepping control with disturbance observer for permanent magnet synchronous motor[J]. Journal of control science and engineering, 2018(1):1-8.

[179] YANG J, LI S, YU X. Sliding-mode control for systems with mismatched uncertainties via a disturbance observer[J]. IEEE transactions on industrial electronics, 2013, 60(1): 160-169.

[180] KIM K S, PARK Y, OH S H. Designing robust sliding hyperplanes for parametric uncertain systems: a Riccati approach[J]. Automatica, 2000, 36(7): 1041-1048.

[181] CHOI H H. LMI-based sliding surface design for integral sliding mode control of mismatched uncertain systems[J]. IEEE transactions on automatic control, 2007, 52: 736-742.

[182] RUBAGOTTI M, ESTRADA A, CASTANOS F, et al. Integral sliding mode control for nonlinear systems with matched and unmatched perturbations[J]. IEEE transactions on automatic control, 2011, 56(11): 2699-2704.

[183] GINOYA D, SHENDGE P D, PHADKE S B. Sliding mode control for mismatched uncertain systems using an extended disturbance observer[J]. IEEE transactions on industrial electronics, 2014, 61(4):1983-1992.

[184] 施琳琳, 陈强. 基于神经网络柔性关节机械臂反演滑模控制 [J]. 控制工程, 2017, 24 (11): 2268-2273.

[185] 苏磊, 姚宏, 杜军, 等. 基于 NDO 的高阶非线性系统自适应反推滑模控制 [J]. 华中科技大学学报 (自然科学版), 2014, 42 (10): 47-51.

[186] MA L, SCHILLING K, SCHMID C. Adaptive backstepping sliding-mode control with application to a flexible-joint manipulator [J]. IFAC proceedings volumes, 2006, 39 (16): 55-60.

[187] 徐传忠, 王永初. 基于反演设计的机械臂非奇异终端神经滑模控制 [J]. 机械工程学报, 2012, 48 (23): 36-40.

[188] WEI X J, GUO L. Composite disturbance-observer-based control and H$_\infty$ control for complex continuous models[J]. International journal of robust & nonlinear control, 2010, 20 (1): 106-118.

[189] YANG J, CHEN W H, LI S. Non-linear disturbance observer-based robust control for systems with mismatched disturbances/uncertainties[J]. IET control theory and applications, 2011, 5 (18): 2053-2062.

[190] YANG J, LI S, CHEN W H. Nonlinear disturbance observer-based control for multi-input multi-output nonlinear systems subject to mismatching condition[J]. International journal of control, 2012, 85 (8): 1071-1082.

[191] YANG J, LI S H, SUN C Y, et al. Nonlinear-disturbance-observer-based robust flight control for airbreathing hypersonic vehicles[J]. IEEE transactions on aerospace and electronic systems, 2013, 49 (2): 1263-1275.

[192] SUN H B, LI S H, GUO L, et al. Non-linear disturbance observer-based back-stepping control for airbreathing hypersonic vehicles with mismatched disturbances[J]. IET control theory & applications, 2014, 8 (17): 1852-1865.